인생은 늘 주변의 도움에 기대어 성장한다는 것을 느낍니다.

이 책이 태어나기까지 노력을 기울여주신 많은 분께 감사드리며,

무엇보다 늘 제가 반짝일 수 있게 지지해주는

짝꿍에게 깊은 감사를 전합니다.

실버스노우의
명화를 품은 프랑스 자수

KI신서 11900
실버스노우의
명화를 품은 프랑스 자수

1판 1쇄 인쇄 2024년 5월 8일
1판 1쇄 발행 2024년 5월 29일

지은이 실버스노우(은설)
펴낸이 김영곤
펴낸곳 (주)북이십일 21세기북스

인문기획팀 팀장 양으녕 책임편집 이지연 마케팅 김주현
디자인 엘리펀트스위밍
출판마케팅영업본부장 한충희
마케팅2팀 나은경 정유진 백다희 이민재
출판영업팀 최명열 김다운 김도연 권채영
제작팀 이영민 권경민

출판등록 2000년 5월 6일 제406-2003-061호
주소 (10881) 경기도 파주시 회동길 201(문발동)
대표전화 031-955-2100 팩스 031-955-2151 이메일 book21@book21.co.kr

ISBN 979-11-7117-588-8 13590

누구나 쉽게 만드는 나만의 자수 소품

실버스노우의

명화를 품은 프랑스 자수

실버스노우(은설) 지음

21세기북스

자수로 펼쳐내는 명화의 세계

어느 날 저에게 두 번째 책을 집필할 기회가 찾아왔습니다. 하고 싶었던 여러 주제를 펼쳐놓고, 많은 분이 좋아하면서 작가 개인의 정체성을 가장 잘 드러낼 수 있는 소재가 무엇일지 고민했어요. 저의 마음은 결국 '명화'라는 키워드에 머물렀습니다.

파리에서 유학하던 시절, 불안한 미래에 마음이 무거울 때면 어김없이 미술관에 방문했습니다. 평일 낮 한적한 미술관에 앉아 창밖으로 새어 들어오는 빛에 등을 기대고 하염없이 화가들의 작품을 눈으로 만졌네요. 그럴 때면 마법 같은 기분에 휩싸였어요. 이 얇은 유리 하나로 몇백 년 전 살아 숨쉬었던 거장들과 조우하는 기분이었거든요. 때론 고흐의 짧고 두텁게 발린 물감을 보며 그가 느꼈을 인생의 불안함에 대해 생각했습니다. 불안을 지워내고자 열심히 물감을 덮었을 모습을 상상하며 삶에 대한 생명력을 느꼈네요. 그런 감정을 느꼈을 때는 '고흐에게도 나와 같은 이런 불안의 시간이 있었겠구나' 하며 괜스레 위로가 되었어요. 이 시간이 추억처럼 남아 저에겐 큰 힘이 되었고, 지금껏 자수 작가로서 작품을 펼칠 수 있었네요.

2021년 유튜브에서 명화 자수 작업을 보여주면서 처음으로 많은 분들 앞에 명화에 대한 저의 애정을 드러냈어요. 클림트의 〈키스〉를 오마주한 첫 작품은 예상보다 더 큰 사랑을 받았네요. 얼마나 감사했는지 몰라요. 제가 좋아하는 다른 명화도 어서 소개하고만 싶어졌어요. 그렇게 지금껏 여러분에게 소개한 명화 자수가 스무 작품이 되었습니다. 자수 작가로서 활동한 지 벌써 8년 차에 접어들었지만, 저의 작품 세계를 명화 자수 시리즈 전후로 나눌 있을 정도로 큰 의미가 되었답니다.

그간 제 유튜브에서 소개한 명화 작품들은 다 하나의 수틀 작품이었어요. 한쪽 벽에 모아 걸고픈 그런 작품들이었답니다. 그러나 이번 책에서는 일상 속 가장 깊이 또 친근하게 명화를 즐기고 싶어 소품으로 제작했습니다. 원작을 다시 그려내고 각 소품에 맞게 디자인하면서 수틀 액자로 마무리하는 것과는 또 다른 즐거움과 뿌듯함이 공존했네요.

또한 이전 명화 시리즈 작품들과 달리 비즈 사용을 최소화하고 실을 주로 사용했습니다. 그 덕에 비즈가 주는 화려함보다는 정말 물감으로 그린 듯 정갈하고 섬세한 바느질에 눈길이 가는 작품들이 탄생했어요. 무엇보다 책을 보고 여러분도 저와 똑같이 작품을 수놓고 즐기시길 바라는 마음이 가장 컸습니다. 똑같은 비즈를 구하기는 어려워도 실을 구하기는 쉬우니 말이에요. 원작을 눈으로 따라 그리고 색실을 사용해 손으로 수놓으며 즐기는 자수는 얼마나 행복하고 풍성할까 벌써 여러분들의 시간이 기대됩니다.

책에 담은 명화는 다양한 시대, 국가, 화풍을 고르게 섞어서 선택했어요. 또한 많은 분이 공감할 수 있도록 작품의 인지도도 중요하게 고려했답니다. 개인적으로 신윤복과 신사임당의 작품을 수놓을 수 있어서 의미가 있었어요. 우리의 정서가 담긴 한국화를 자수 실로 수놓는 건 참으로 단아하고 정성 어린 경험이었습니다. 눈으로 감상하는 것도 좋지만, 많은 분들이 이 즐거움에 동참해보길 바랍니다.

자수는 하면 할수록 '통제'의 예술이라 느낍니다. 나의 손끝 미세한 신경에 집중하고 원단의 한 올 한 올을 느껴가며 실의 결을 통제해 수놓았을 때, 거기서 느껴지는 무한한 집중력과 즐거움은 미처 다 헤아릴 수 없어요. 눈으로 감상만 해도 참 고운 자수, 손으로 한번 더 수놓고, 일상 속 소품으로 제작해 즐기며 여러분의 삶에 더욱 친밀하게 스미길 바랍니다.

시원한 바람이 들어오는 초봄, 작업실에 앉아서

실버스노우 은설

차례 Contents

명화를 품은 프랑스 자수 10

실물 자수 도안집

Sunflowers
복조리 파우치
p.44

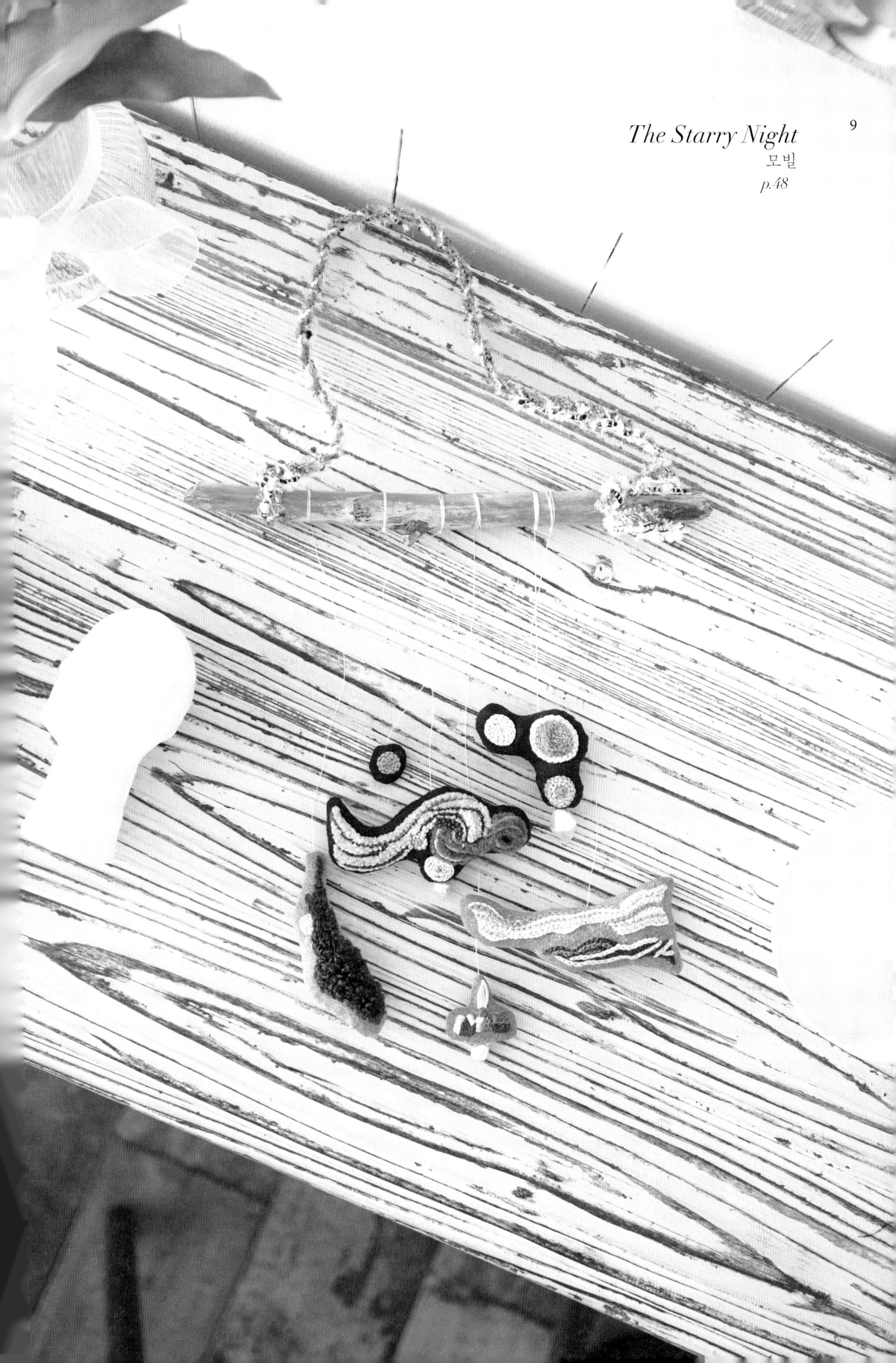

The Starry Night
모빌
p.48

10 *Blue Nude Ⅱ*

핀 쿠션

p.52

The Dance Ⅱ
테이블 매트
p.56

The Kiss
브로치
p.60

The Son of Man
브로치
p.74

Water Lilies
자수 손수건

p.66

14 *The Birth of Venus*

동전지갑

p.70

16 美人圖

족자

p.78

草蟲圖

장식용 액자

p.82

도구와 재료

1
2
3
Appletons
4
Scotch
강력접착제
5
6
7
8
9
BOHIN
10
John James
Est. 1840
Embroidery
Finest Quality Needles
16 Needles
Size 3/9
11
12
13
14
15
16
17
18

실

사용하는 브랜드는 크게 프랑스의 DMC와 독일의 ANCHOR가 있다. DMC의 경우 광택이 도는 편이고, ANCHOR의 경우 매트한 편이다. 따라서 꽃 자수처럼 고운 질감을 원할 때는 DMC를, 유화 물감처럼 두터운 질감을 원할 때는 ANCHOR를 선호해 사용한다.

❶ DMC 25번사

❷ ANCHOR 25번사
❶, ❷는 자수에 가장 많이 사용하는 면사다. 굵은 1가닥의 실은 사실 얇은 6가닥의 실로 이루어져 있다. 6가닥 중에 사용할 가닥 수만큼 뽑아서 사용한다.

❸ APPLETONS 울사
고운 색감의 영국산 울사다. 파스텔 계열이 유독 아름답게 제작되며, 포실한 질감과 얇은 굵기 덕분에 보송하게 또는 곱게 수놓기 좋다.

❹ DMC 디아망
얇은 굵기의 메탈사다. 포인트로 사용하기 적절하며, 사진 속 실처럼 원통형 보빈에 감긴 형태도 있고, ❶ DMC 25번사처럼 긴 타래로 판매되기도 한다.

풀

❺ 목공용 풀
브로치를 만들 때 뒷면 마감재 접착에 사용하거나, 프레임 파우치 제작 시 프레임을 접착할 때 사용한다.

❻ 강력 접착제
목공용 풀보다 더 단단한 마감을 원할 때 사용한다. 접착력이 강하니 소량만 묻혀서 사용한다.

❼ 올 풀림 방지액
자수의 뒷면 매듭이 풀리는 것을 방지한다. 뒤쪽 매듭 위에 한두 방울 뿌려 굳히면 된다. 다만 원단에 묻으면 광택이 남기 때문에 소량씩만 조심히 사용한다.

시침핀

❽ 원단이나 스케치를 고정할 때 사용한다. 예쁜 시침핀은 자수 생활에 즐거움을 더하기에 취향에 맞는 디자인을 찾아 구비해보는 것을 추천한다!

비즈

❾ 일본산이나 체코산 비즈를 주로 사용한다. 정교한 코팅과 균일한 모양이 특징이다.

바늘

❿ BOHIN 자수바늘 1/10호
6가닥 면사나 울사를 꿰는 가장 굵은 1호 바늘부터 비즈를 꿰는 얇은 10호 바늘까지 다양한 호수가 들어 있다. 프랑스 제품으로 잘 녹슬지 않고 단단한 것이 특징이다.

⓫ JOHN JAMES 자수바늘 3/9호
전체적으로 굵기가 얇고 끝이 뾰족한 바늘이다. 영국 제품으로 잘 녹슬지 않고 저렴한 가격이 특징이다.

자수용 가위

⓬ 예쁜 자수 가위는 수예 생활의 꽃이다. 귀여운 태슬이 달린 기본 모양부터 학가위, 꽃가위 등 다양한 디자인의 가위가 판매된다. 나만의 예쁜 자수용 가위를 구비해서 취미생활에 즐거움을 더해보는 건 어떨까?

수틀

⓭ 지름 12.5cm
한 손에 쏙 들어오는 유용한 크기의 원목 수틀이다. 다양한 브랜드가 있지만, 마감이 좋고 가벼운 독일 수틀을 추천한다.

⓮ 지름 15.5cm
조금 큰 자수를 수놓을 때 사용하기 좋은 크기다. 수틀에 마스킹 테이프나 바이어스 원단을 감아 꾸며보자. 이렇게 하면 예쁜 것은 말할 것도 없고, 수틀의 마찰력을 높여 원단을 더욱 단단하게 고정할 수 있어 매우 유용하다.

원단

⓯ 오간자
반투명한 원단으로, 한복과 같은 독특한 질감을 표현하기 좋다.

⓰ 무명 10수
자수에 사용하기 좋은 쫀쫀한 느낌의 면 원단이다. 수놓을 때 사용감이 좋은 것이 특징이다.

⓱ 리넨 20수
리넨 특유의 자연적인 질감이 자수와 잘 어울린다. 색상이 다양하게 있으니 만들고자 하는 소품에 맞게 골라 사용하기 좋다.

⓲ 무늬가 있는 리넨 20수
안감이나 뒷면 원단으로 사용하기 좋다. 잔잔한 체크 원단의 경우 그 위에 수를 놓아도 아름답다.

스케치 옮기기

원단, 먹지, 스케치를 순서대로 겹쳐 놓는다. 이때 먹지는 잉크 부분이 원단과 맞닿을 수 있도록 뒤집어 놓는다.

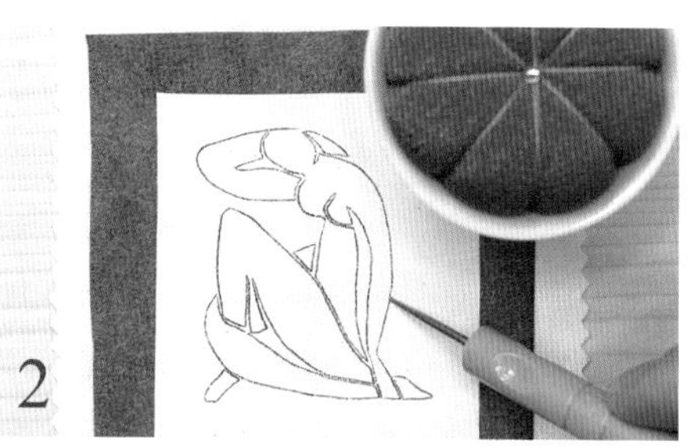

문진과 같이 무거운 물건을 올려 고정한 뒤, 스케치를 따라 그린다. 이때 뾰족한 철필이 없다면, 일반적인 볼펜을 사용해 따라 그려도 좋다.

원단에 스케치가 잘 옮겨졌는지 확인한다. 만약 선이 연할 경우 수성펜이나 열펜으로 덧그린다.

수틀 끼우기

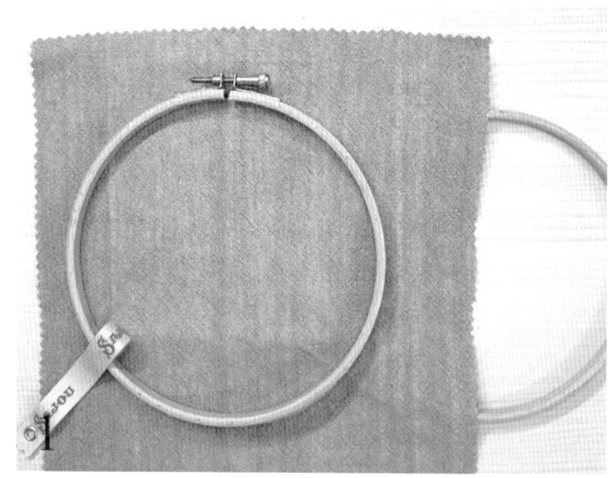

수틀의 나사를 돌려 위아래로 분리하고, 분리한 수틀 사이에 원단을 놓는다.

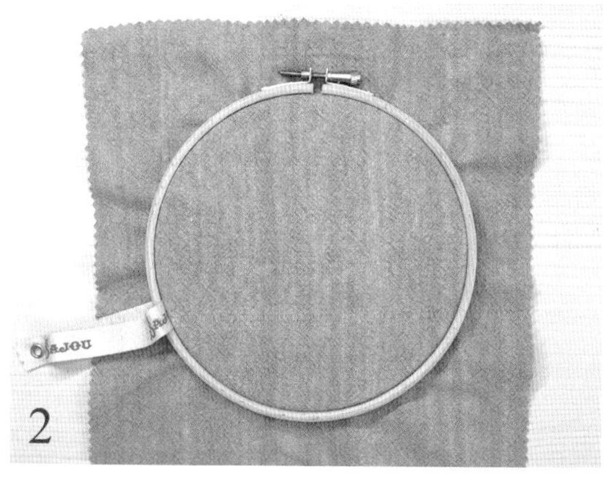

수틀을 눌러 원단을 고정한 뒤, 나사를 조여 팽팽하게 유지한다.

바늘에 실 꿰고 매듭짓기

1

실을 약 50cm로 잘라 끝부분을 보면, 얇은 6가닥이 모여 굵은 1가닥을 이루고 있는 것을 볼 수 있다.

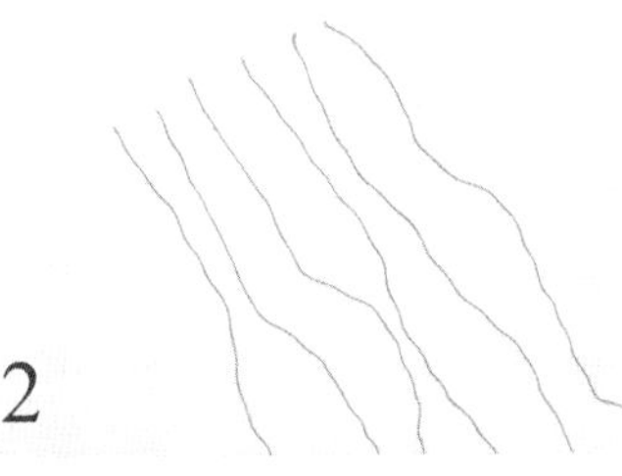
2

필요한 실의 가닥수만큼 1가닥씩 뽑아서 갈라낸다. 만약 6가닥이 필요하다 해도 1가닥씩 갈라내어 실의 꼬임을 푼 뒤 사용한다.

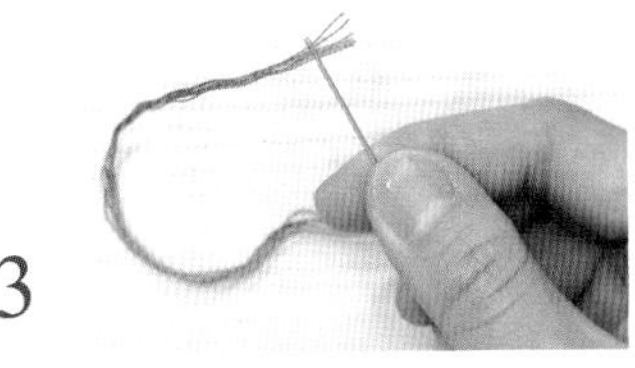
3

실을 다시 합쳐서 바늘귀에 꿴다. 이때 실 5~6가닥은 3~4호 바늘, 3~4가닥은 5~8호 바늘, 1~2가닥은 9~10호 바늘을 사용한다.

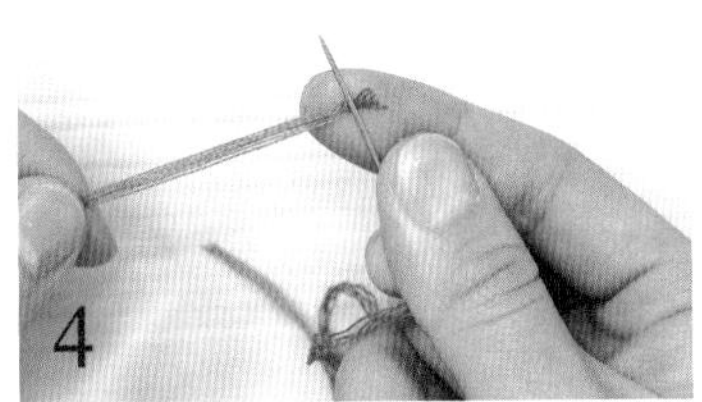
4

바늘을 꿴 쪽이 아닌 나머지 다른 한쪽의 실 끝을 오른손 검지 위에 올린다. 그런 후 그 위에 바늘을 올린다.

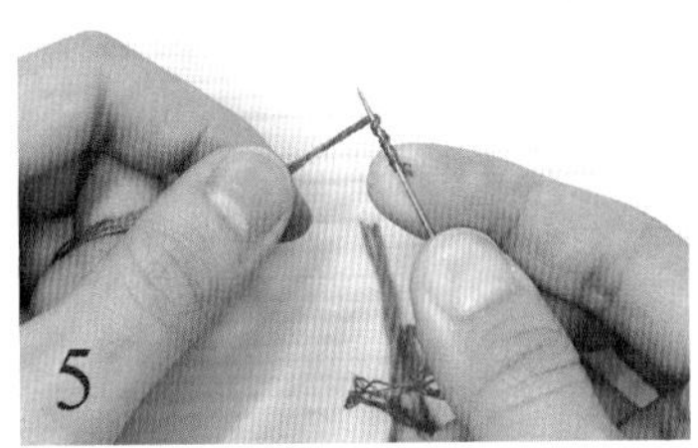
5

왼손으로 바늘에 실을 2~3번 감는다.

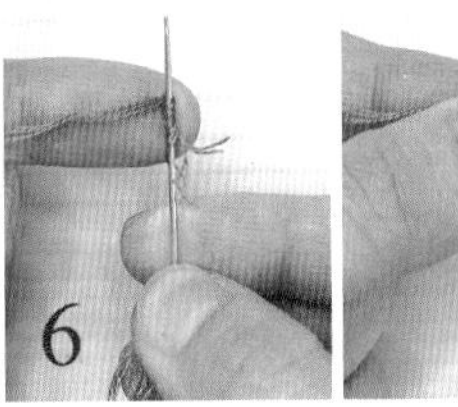
6

감은 실이 풀리지 않게 왼손으로 실과 바늘을 같이 잡는다.

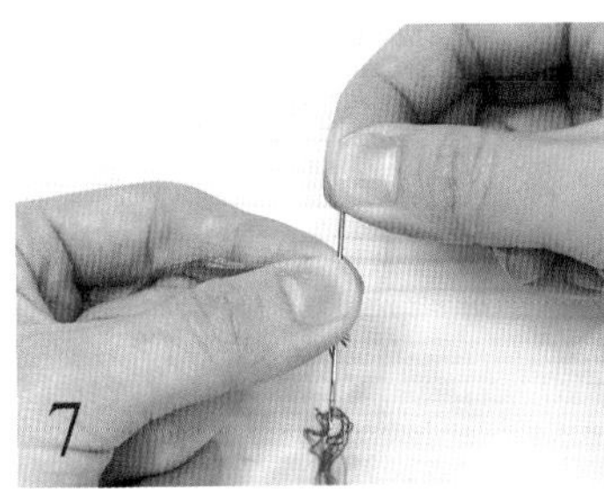
7

오른손으로 바늘의 끝을 잡고 쭉 당겨 왼손으로 잡은 매듭에 실 전체가 통과하게 만든다.

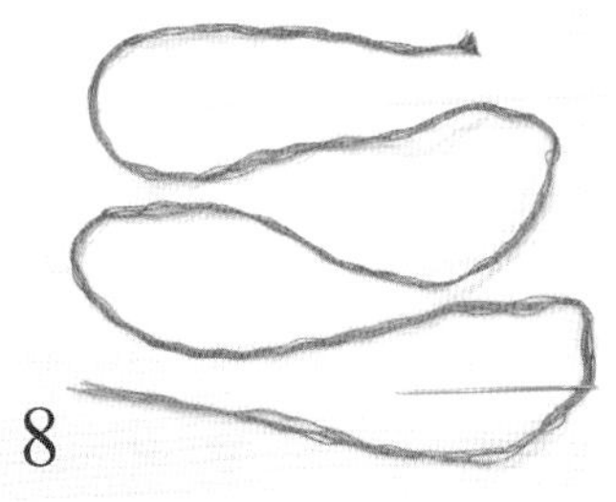
8

한쪽 끝에 매듭이 지어지고, 바늘이 꿰어진 상태에서 나머지 다른 한쪽 끝은 매듭짓지 않고 열어둔 모습이 된다. 이렇게 자수용 실이 준비되었다.

TIP

만약 여기서 소개한 '구슬 매듭법'이 낯설다면, 매듭을 짓고자 하는 곳에 일반적인 묶기 방법으로 2번 묶어 매듭을 지어도 된다. 매듭은 어디까지나 단단하고 크게 만들어서 실을 고정하기 위한 용도일 뿐! 편안하게 생각하자.

자수 마무리

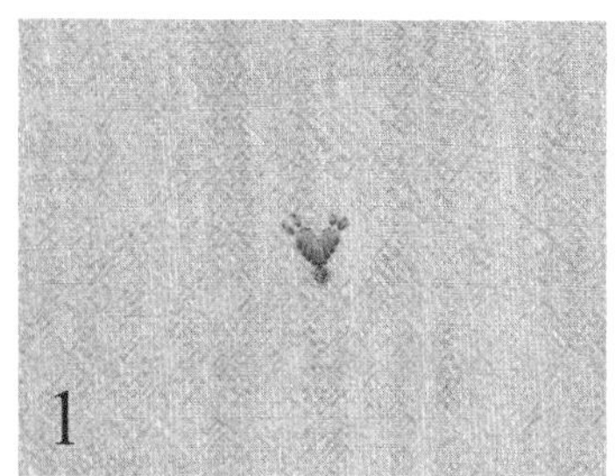

예쁜 자수가 완성되었다.

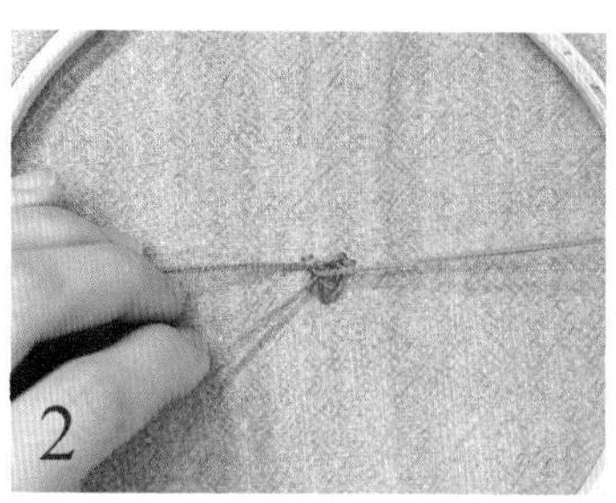

수틀을 뒤집고, 양손을 사용해 원단 가까이에 붙여 매듭을 만든다.

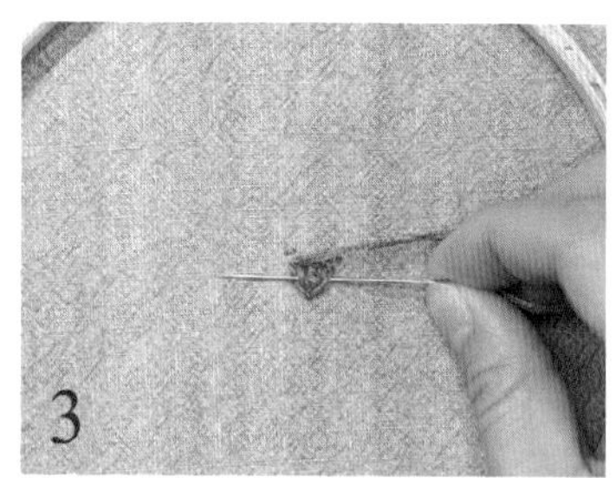

매듭을 지은 후, 바늘로 자수 뒷부분을 통과시켜 단단하게 고정한다.

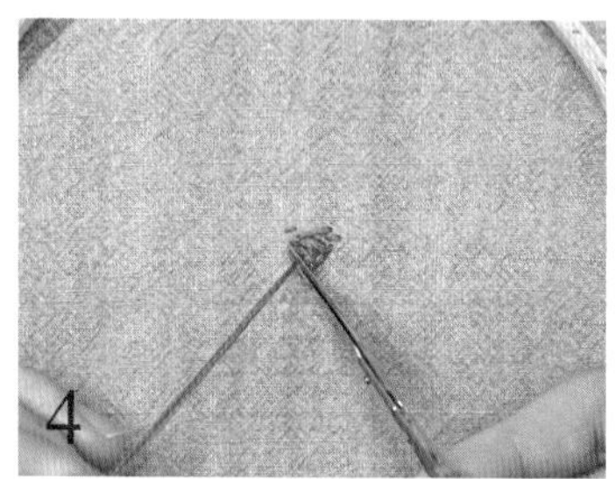

가위로 짧게 자르면 완성!

기본 스티치 13

Straight Stitch
스트레이트 스티치

가장 기초적인 스티치로,
직선을 만드는 자수

1

원단 뒷면에서 바늘을 찔러 앞으로 빼낸다.

2

원하는 크기만큼 이동한 뒤 바늘을 앞면에 꽂아 넣어 직선을 긋는다.

Satin Stitch
새틴 스티치

특정한 모양의 면을 채우는 스티치로,
고운 결로 촘촘히 메우는 자수

1

면의 중앙부터 채우기 위해, 스케치 선의 상단 뒷면에서 바늘을 찔러 앞으로 빼낸다.

2

스케치 선의 하단에 바늘을 꽂아 넣어 직선을 긋는다.

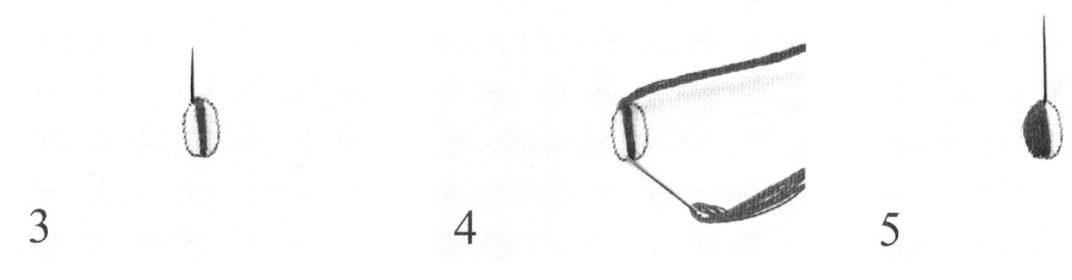

3

직선 상단의 왼쪽 바로 옆 뒷면에서 바늘을 찔러 앞으로 빼낸다.

4

스케치 선의 하단에 바늘을 꽂아 넣어 직선을 긋는다.

5

처음 그은 직선을 기준 삼아 한쪽 면을 동일한 결로 수놓는다. 그 후 처음 그은 직선 상단의 오른쪽 바로 옆 뒷면에서 바늘을 찔러 앞으로 빼낸다.

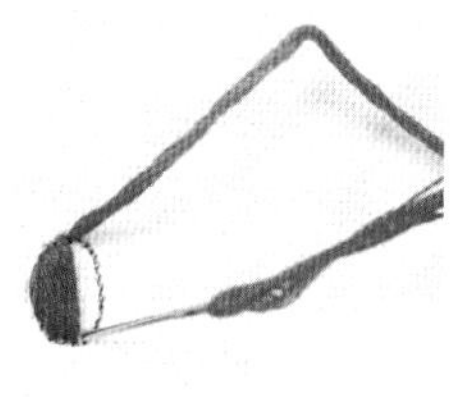

6

반대쪽 면도 동일하게 직선을 그으며 채워 나간다.

7

결 표현에 집중해 차곡차곡 면을 곱게 수놓아 완성한다.

TIP

첫 직선을 그을 때 바늘을 위에서 아래로 넣었다면, 옆의 직선을 수놓을 때도 바늘을 동일한 방향(위에서 아래)으로 움직여야 한다. 아래에서 위로 직선을 그을 때도 마찬가지다. 고운 결을 만들 때의 핵심은 처음에 시작한 방향으로 계속 움직이는 것이다.

Back Stitch

백 스티치

박음질처럼 같은 크기의 직선을
맞닿게 수놓는 자수

1

선의 시작점 뒷면에서 바늘을 찔러 앞으로 빼낸 뒤, 한 땀 옆에 바늘을 꽂아 넣어 원하는 크기의 직선을 긋는다.

2

처음 그은 직선 크기만큼 옆으로 옮긴 다음 바늘을 찔러 앞으로 빼낸다.

3

처음 그은 직선의 끝부분 구멍에 바늘을 꽂아 넣는다.

4

실을 당겨 직선이 같은 크기로 맞물리도록 수놓는다.

5

같은 방법으로 직선을 추가해 완성한다.

TIP

이 스티치는 바느질 기법의 '박음질'과 방식이 동일하다. 방석 꿰매기에 쓰이는 그 박음질 말이다!

Whipped Back Stitch

휘프트 백 스티치

백 스티치에 다른 실을 휘감아 수놓는 자수

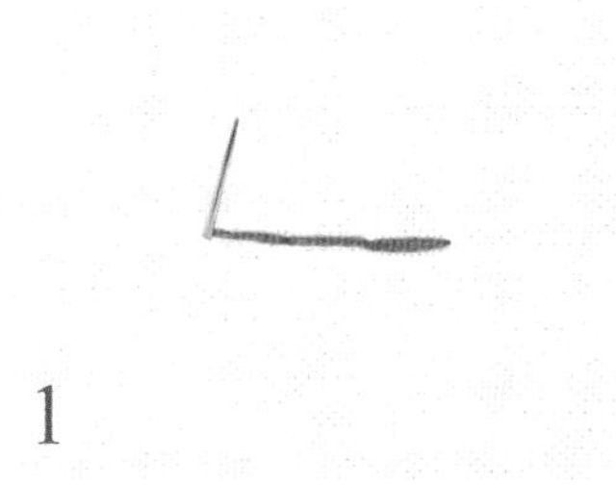

백 스티치의 시작점 뒷면에서 바늘을 찔러 앞으로 빼낸다.

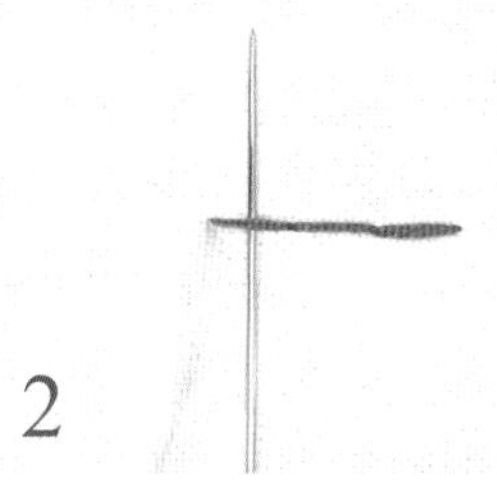

백 스티치의 첫 번째 직선(실) 아래 실이 교차하도록 바늘을 통과시킨다.

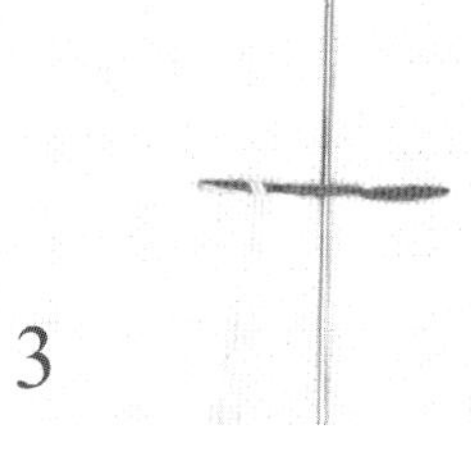

2번째 직선(실) 아래로 또다시 바늘을 통과시킨다.

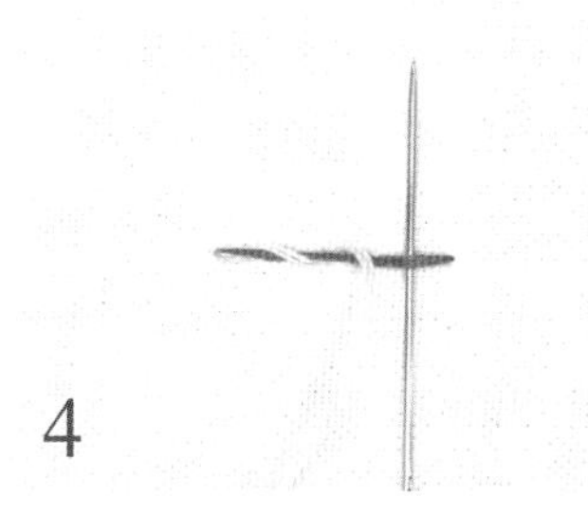

3번째 직선(실) 아래로도 실이 교차하도록 바늘을 통과시킨다.

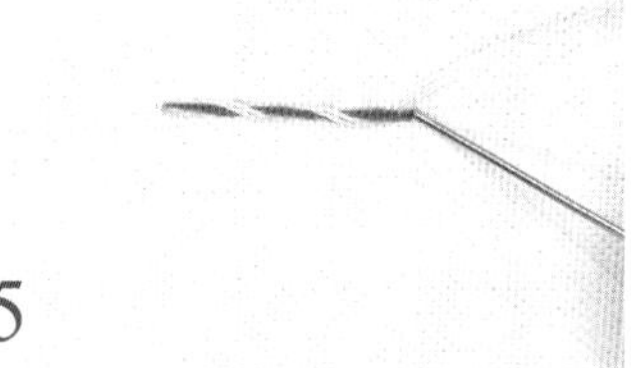

백 스티치 끝부분 구멍에 바늘을 꽂아 넣는다.

실을 당겨 마무리한다.

백 스티치에 바늘(실)을 통과시킬 때, 위쪽에서 아래쪽으로 교차돼도 상관없다. 핵심은 처음 정한 방향으로 일관되게 실을 감는 것이다.

Split Stitch
스플릿 스티치

앞서 만든 직선의 중앙을 가르며,
선을 중첩해서 쌓는 자수

1

직선을 수놓는다.

2

직선의 뒷면 가운데에서 바늘을 찔러 앞으로 빼낸다.

3

처음 만든 직선의 크기만큼 옆으로 옮겨서 바늘을 꽂아 넣는다.

4

2번째 직선의 뒷면 가운데에서 바늘을 찔러 앞으로 빼낸다.

5

앞에 수놓은 직선들의 크기만큼 옆으로 옮긴 뒤, 바늘을 꽂아 넣어 3번째 직선을 수놓는다.

6

3번째 직선의 뒷면 가운데에서 바늘을 찔러 앞으로 빼낸다.

7

4번째 직선도 같은 방법으로 수놓는다.

8

실을 당겨 완성한다. 같은 크기의 직선들이 중첩되며 하나의 기다란 직선이 그어진다.

Outline Stitch

아웃라인 스티치

직선을 겹쳐가며,
밧줄 모양의 긴 선을 만드는 자수

1

직선을 수놓는다.

2

직선의 시작점 뒷면에서 다시 바늘을 찔러 앞으로 빼낸다.

3

처음 만든 직선 크기의 2배만큼 옆으로 옮긴 다음 바늘을 꽂아 넣는다.

4

처음 만든 직선의 끝부분 뒷면에서 바늘을 찔러 앞으로 빼낸다. 이때 실은 직선의 위에 둔다.

5

실을 당겨 스티치를 완성한다.

6

직선 크기의 2배만큼 다시 옆으로 옮긴 다음 바늘을 꽂아 넣는다.

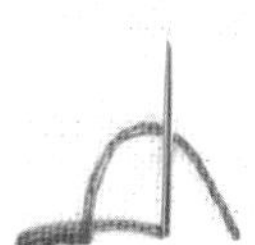

7

2번째 직선의 끝부분 뒷면에서 바늘을 찔러 앞으로 빼낸다. 실은 과정 4와 마찬가지로 직선의 위쪽에 둔다.

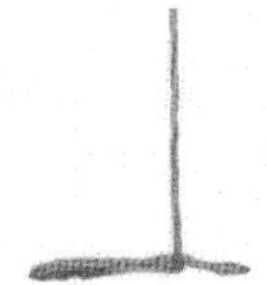

8

실을 당겨 스티치를 완성한다.

9

직선 크기의 2배만큼 또다시 옆으로 옮겨 바늘을 꽂아 넣는다.

뒷면에 계속 →

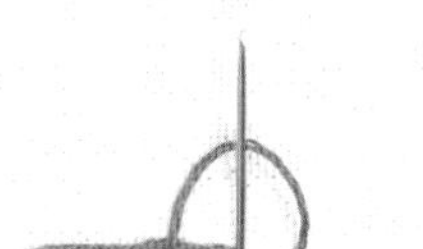

10

3번째 직선의 끝부분 뒷면에서 바늘을 찔러 앞으로 빼낸다. 이때 앞의 과정들과 마찬가지로 실은 직선의 위쪽에 둔다.

11

실을 당긴 후, 직선의 맨 끝부분 구멍에 바늘을 꽂아 넣는다.

12

실을 당겨 스티치를 완성한다.

TIP

둥근 곡선 모양으로 수놓고자 할 때는, 의도한 곡선 모양에 맞게 실의 방향을 통일한다.

① n 모양의 곡선을 만들고자 할 때는 실을 계속 곡선의 상단에 두어야 한다.

② u 모양의 곡선을 만들고자 할 때는 실을 계속 곡선의 하단에 두어야 한다.

Lazy-daisy Stitch

레이지 데이지 스티치

꽃잎 모양을 만드는 자수

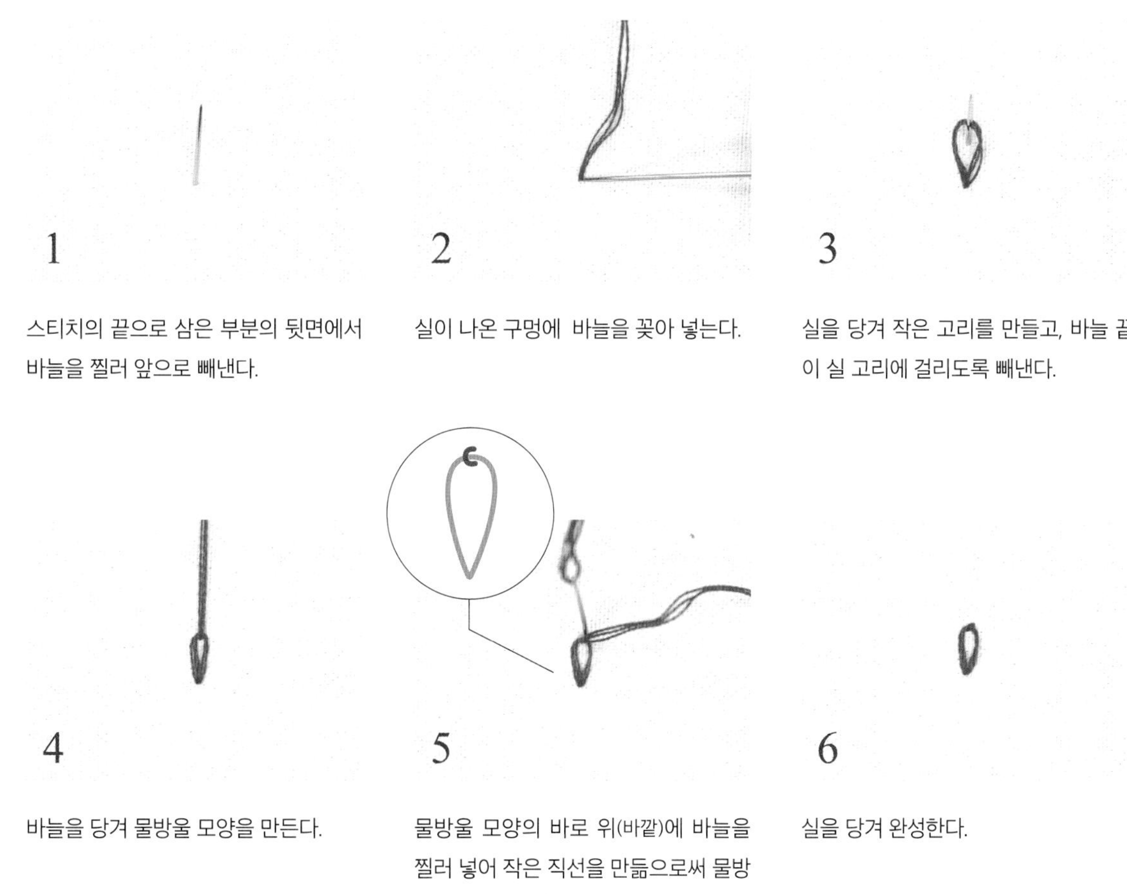

1
스티치의 끝으로 삼은 부분의 뒷면에서 바늘을 찔러 앞으로 빼낸다.

2
실이 나온 구멍에 바늘을 꽂아 넣는다.

3
실을 당겨 작은 고리를 만들고, 바늘 끝이 실 고리에 걸리도록 빼낸다.

4
바늘을 당겨 물방울 모양을 만든다.

5
물방울 모양의 바로 위(바깥)에 바늘을 찔러 넣어 작은 직선을 만듦으로써 물방울 모양을 고정한다.

6
실을 당겨 완성한다.

TIP

과정 4에서는 바늘을 세워서 얼굴 쪽으로 실을 당기는 것보다, 원단에 밀착해 눕혀서 위쪽으로 당기는 편이 좋다. 그래야 홀쭉하지 않고 볼륨 있는 물방울 모양의 스티치가 만들어진다.

Chain Stitch

체인 스티치

사슬 모양의 선을 만드는 자수

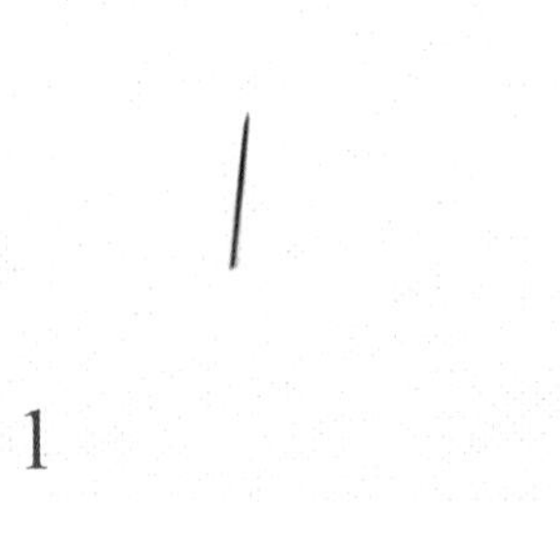

1

스티치의 끝으로 삼은 부분의 뒷면에서 바늘을 찔러 앞으로 빼낸다.

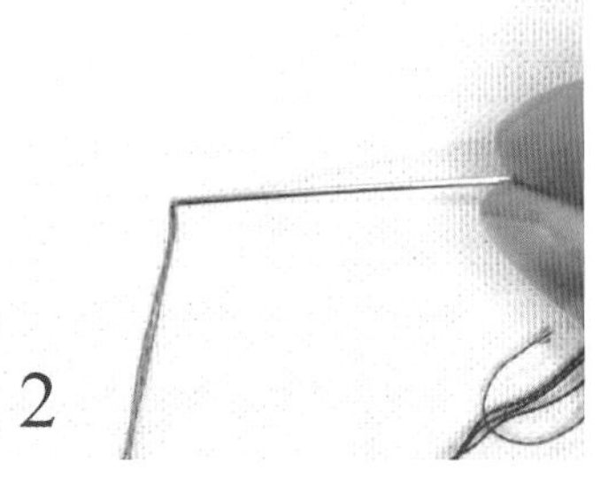

2

실이 나온 구멍에 바늘을 넣는다.

3

실을 당겨 작은 고리를 만들고, 바늘 끝이 실 고리에 걸리도록 뒷면에서 찔러 앞으로 빼낸다.

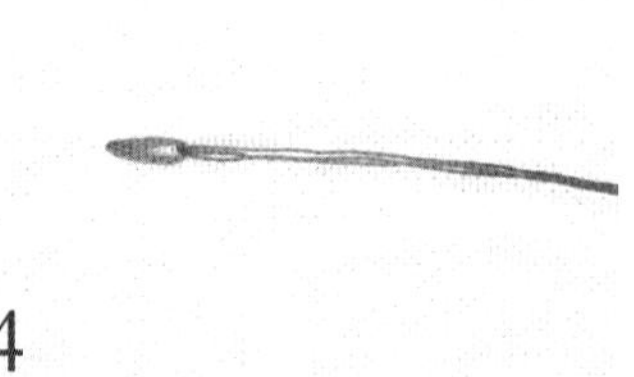

4

바늘을 당겨 물방울 모양을 만든다. 이때까지는 앞의 '레이지 데이지 스티치' 과정과 동일하다.

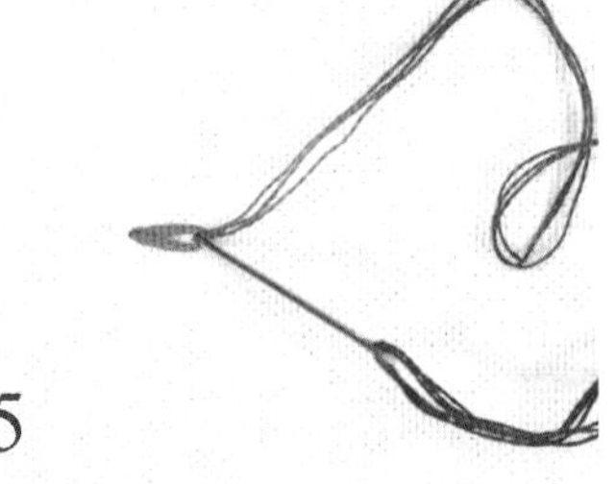

5

실이 나온 구멍에 다시 바늘을 꽂아 넣는다.

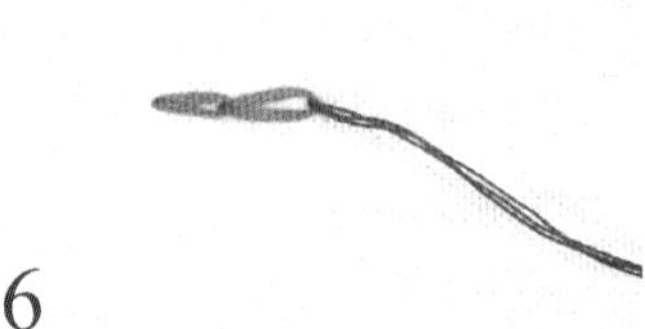

6

실을 당겨 작은 고리를 하나 더 만든 다음, 바늘 끝이 실 고리에 걸리도록 빼낸다.

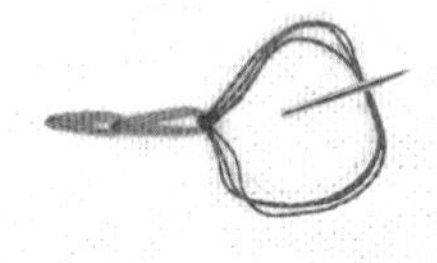

7

실이 나온 구멍에 바늘을 넣어 또다시 고리를 만들고, 바늘 끝이 실 고리에 걸리도록 빼낸다.

8

실을 당겨 세 번째 체인을 완성한다.

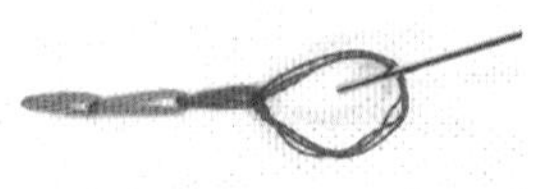

9

실이 나온 구멍에 바늘을 넣어 또 고리를 만들고, 바늘 끝이 실 고리에 걸리도록 찔러 앞으로 빼낸다.

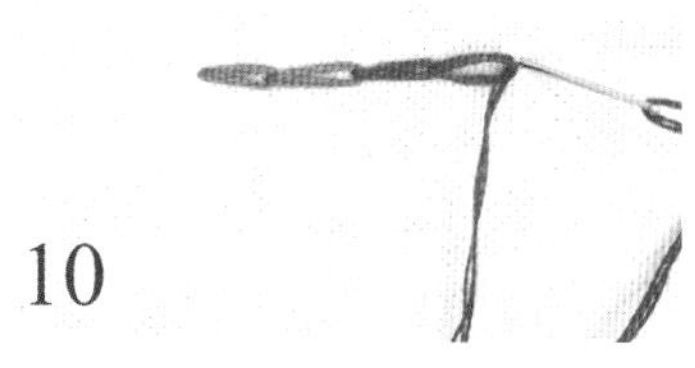

10

만든 체인의 바깥에 바늘을 찔러 넣고, 작은 직선으로 체인 모양을 고정한다.

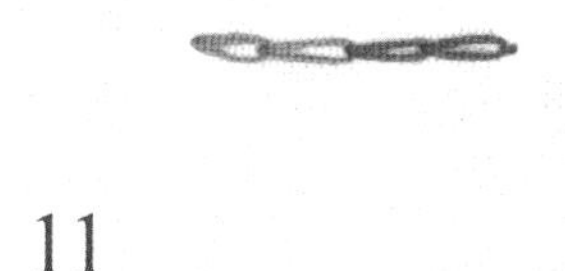

11

실을 당겨 완성한다.

TIP

모든 스티치가 그렇지만, 체인 스티치는 유독 한 땀의 크기를 어떻게 잡느냐에 따라 다양한 질감을 만들어낼 수 있다. 촘촘할 땐 촘촘하게, 큼직할 땐 큼지막하게!

French Knot Stitch

프렌치 노트 스티치

작은 씨앗 모양을 만드는 자수

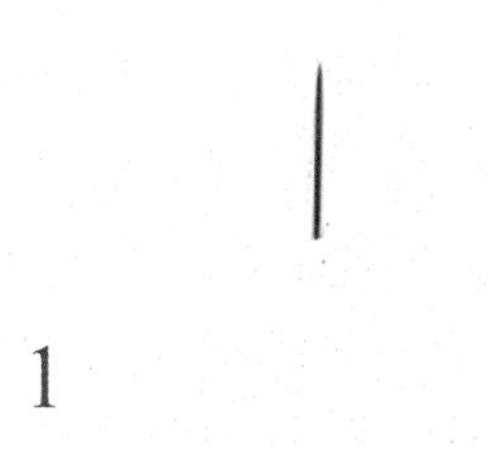

1

뒷면에서 바늘을 찔러 앞으로 빼낸다.

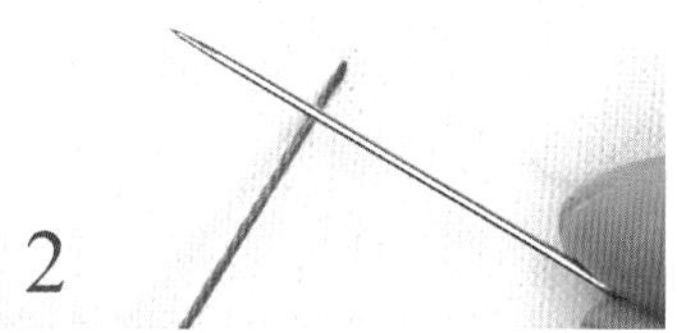

2

왼손으로 실을 당긴다. 동시에 실 위에 바늘을 올린다.

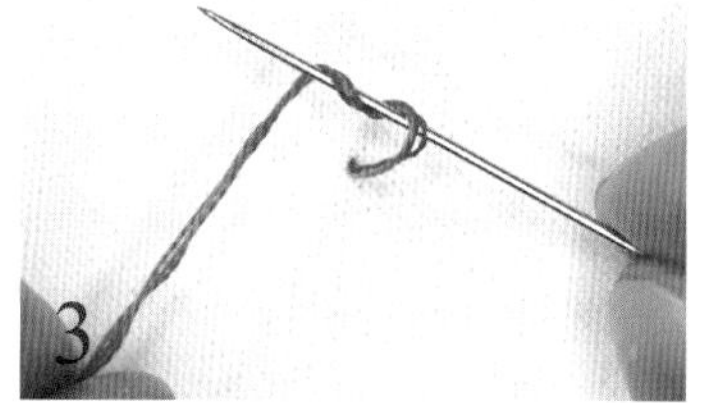

3

바늘에 실을 2번 감는다. 이때 감는 방향은 어디든 상관없다.

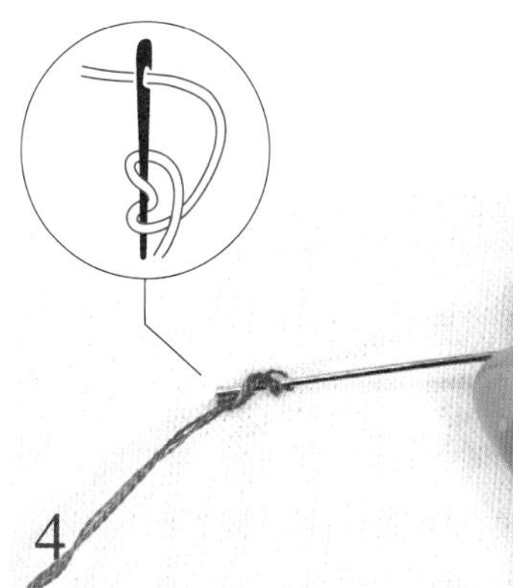

4

실이 나온 구멍 바로 옆에 바늘을 꽂아 넣는다.

5

바늘을 완전히 빼내기 전, 왼손으로 실을 당겨 원단 바로 위에 작은 매듭을 만든다. 바늘은 오른손으로 빼낸다.

6

바늘을 끝까지 당기면 단단한 모양의 스티치가 완성된다.

뒷면에 계속 →

TIP

작가가 즐겨 사용하는 '루즈 프렌치 노트 스티치 Loose French knot Stitch**' 만들기!**

프렌치 노트 스티치를 좀 더 느슨하게 표현한 것으로, 뽀글뽀글한 느낌을 낼 수 있다. 머리카락이나 풍성한 나뭇잎 등 다양한 표현에 사용해보자. 작가가 수많은 작업 끝에 우연히 발견해낸 기법으로, 정식 스티치 기법은 아니다.

① '프렌치 노트 스티치' 과정 1~4까지는 동일하다.

② 다만 바늘을 빼내기 전, 왼손으로 실을 끝까지 당겨 매듭짓지 않는다. 느슨하게 둔 채로 오른손으로 바늘을 당겨 풍성한 느낌을 표현한다.

Fishbone Stitch

피시본 스티치

나뭇잎 모양을 만드는 자수

1

스티치 중심부의 아래에서 위로, 세로 직선을 수놓는다.

2

뒷면의 왼쪽 상단에서 바늘을 찔러 앞으로 빼낸다. 이때 앞서 만든 중심선 꼭짓점보다 살짝 아래에 바늘을 찔러 넣는다.

3

처음에 수놓은 중심선의 반대편 아래에 바늘을 꽂아 넣는다.

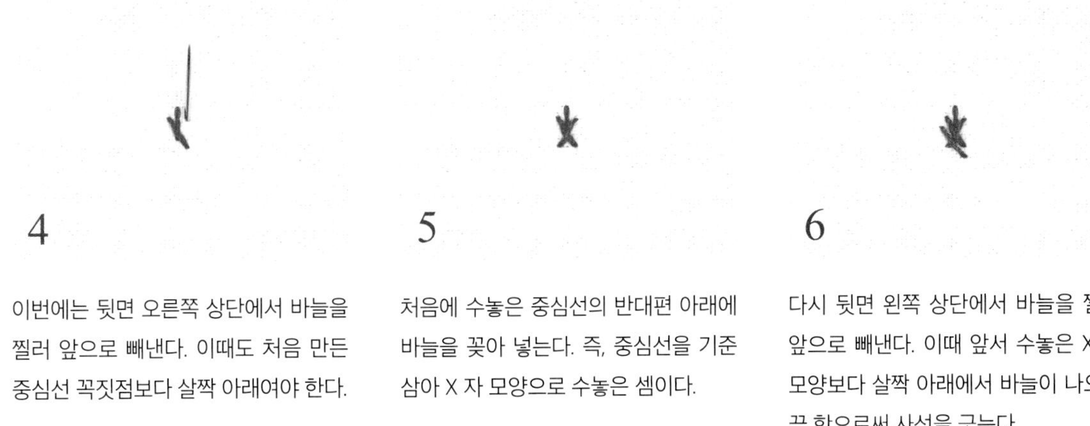

4

이번에는 뒷면 오른쪽 상단에서 바늘을 찔러 앞으로 빼낸다. 이때도 처음 만든 중심선 꼭짓점보다 살짝 아래여야 한다.

5

처음에 수놓은 중심선의 반대편 아래에 바늘을 꽂아 넣는다. 즉, 중심선을 기준 삼아 X 자 모양으로 수놓은 셈이다.

6

다시 뒷면 왼쪽 상단에서 바늘을 찔러 앞으로 빼낸다. 이때 앞서 수놓은 X 자 모양보다 살짝 아래에서 바늘이 나오게끔 함으로써 사선을 긋는다.

7

오른쪽도 살짝 아래에서 사선을 그어 2번째 X 자 모양을 수놓는다.

8

다시 뒷면 왼쪽 상단에서 바늘을 찔러 빼낸다. 이때도 앞서 수놓은 X 자보다 살짝 아래에서 바늘이 나오게끔 함으로써 사선을 긋는다.

9

오른쪽도 동일하게 살짝 아래에 사선을 그어 세 번째 X 자를 수놓는다.

10

또다시 왼쪽 상단 뒷면에서 바늘을 찔러 앞으로 빼낸다. 이때도 앞서 수놓은 X 자보다 살짝 아래에 바늘을 꽂아 넣어 사선을 긋는다.

11

오른쪽도 살짝 아래에서 사선을 수놓되, 마지막 사선은 끝부분이 앞서 수놓은 왼쪽 사선의 아랫부분과 맞닿게끔 바늘을 꽂아 넣는다.

12

실을 당겨 완성한다.

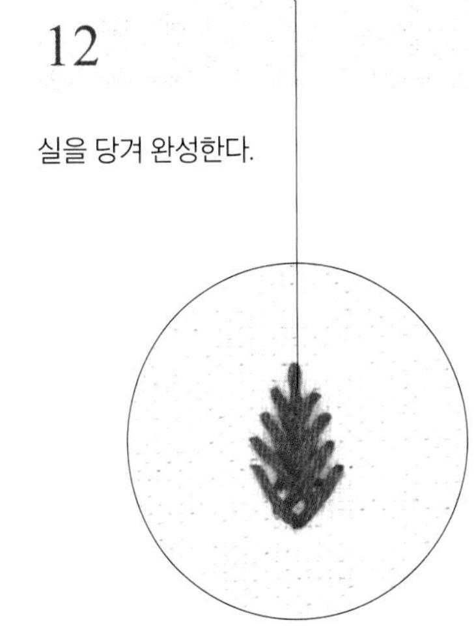

TIP

예시 사진은 동선을 잘 보이게 하기 위해 간격을 벌리며 수놓았다. 실제는 더욱 촘촘하게 수놓아 잎을 완성한다. 원단이 안 보이게 수놓으면 예쁜 나뭇잎 완성!

Spider Web Stitch
스파이더웹 스티치

거미줄처럼 실을 엮어서
장미 모양의 도톰한 원을 만드는 자수

1

위에서 아래로 직선을 수놓는다.

2

중심을 기준으로, 끝이 맞닿게끔 2번째 직선을 수놓는다.

3

바깥쪽에서 중심을 향해 바늘을 넣으며 총 5개의 직선을 완성한다.

4

바늘이 중심 가까이에서 튀어 나오게끔 뒷면에서 찔러 빼낸다.

5

시계 방향이든 반시계 방향이든 처음 정한 방향으로 실을 감는다(사진은 반시계 방향). 이때 바로 앞의 직선은 건너뛰고, 다음 직선(실) 아래로 바늘을 통과시킨다.

6

실을 당긴다.

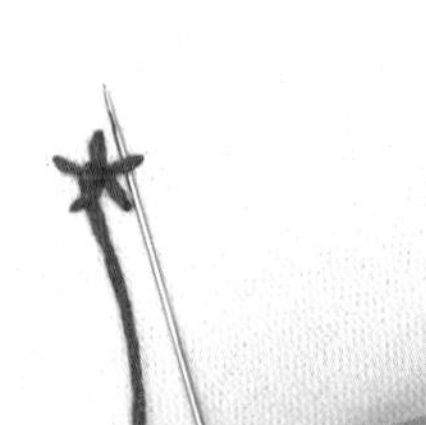

7

이번에도 바로 앞의 직선은 건너뛰고, 다음 직선(실) 아래로 바늘을 통과시킨다.

8

실을 당긴다.

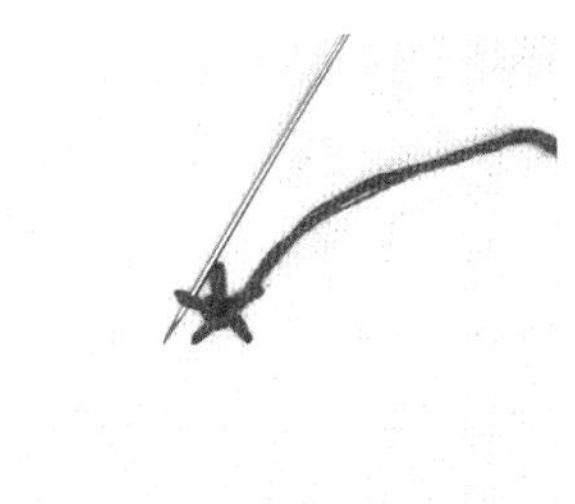

9

또다시 바로 앞의 직선은 건너뛰고, 다음 직선(실)의 아래로 바늘을 통과시킨다.

10

실을 당긴다. 이 과정을 계속 반복한다.

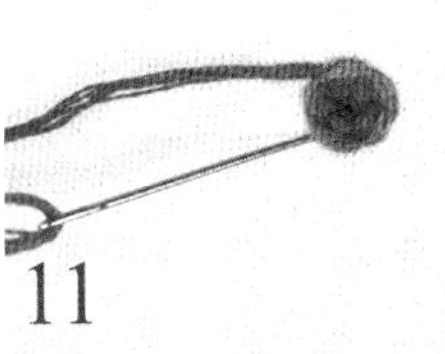

11

5개의 직선이 다 가려질 만큼 실을 감았다면, 완성된 스티치 아래로 바늘을 숨기듯 찔러 넣는다.

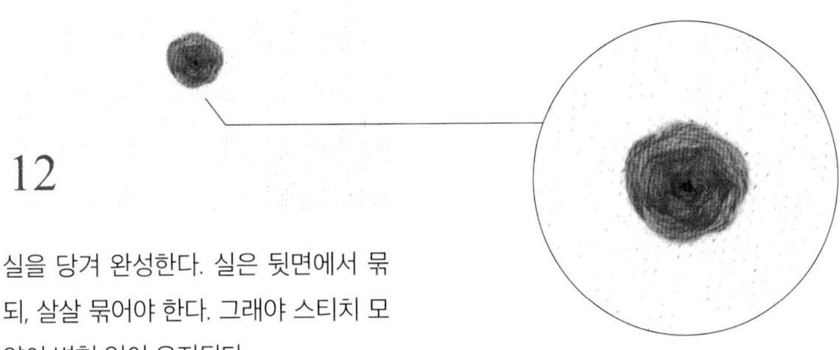

12

실을 당겨 완성한다. 실은 뒷면에서 묶되, 살살 묶어야 한다. 그래야 스티치 모양이 변형 없이 유지된다.

TIP

언뜻 어려워 보이지만, 사실 쉬운 스티치다. 강하게 힘주며 수놓으면 입체적인 장미 모양 스티치를, 힘을 빼고 옆으로 쌓듯 살살 감으면 판판한 접시 모양 스티치를 만들 수 있다. 힘주는 방법에 따라 천의 얼굴을 하는 스티치!

Drizzle Stitch

드리즐 스티치

입체적으로 튀어나온 원기둥을 만드는 자수

뒷면에서 바늘을 찔러 앞으로 빼낸다.

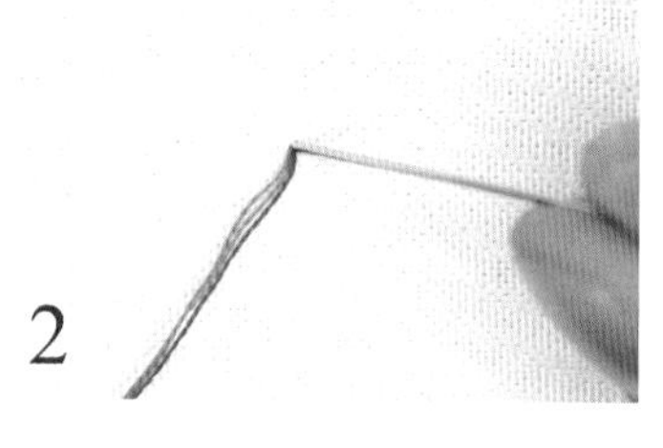

실이 나온 구멍에 바늘을 찔러 넣는다.

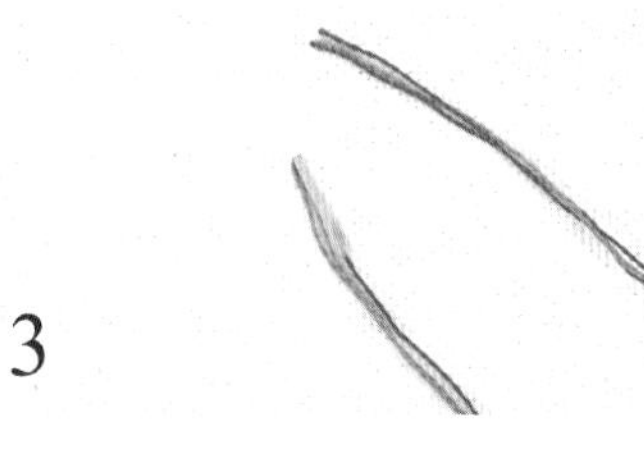

바늘을 꽂아둔 채, 실만 바늘귀에서 뺀다.

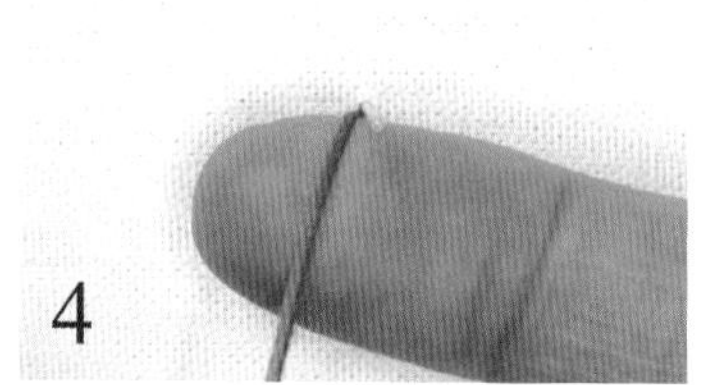
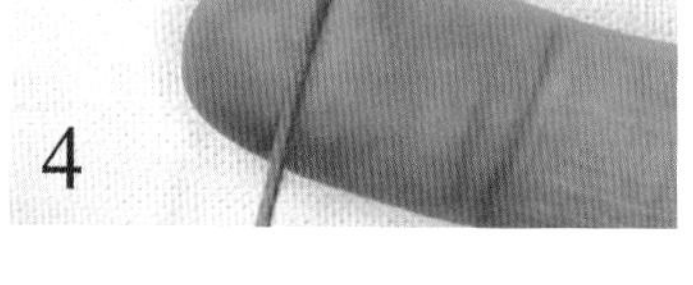

오른손 검지 위에 뒷면에서 나온 실을 올리고, 왼손으로는 실을 계속 당긴다.

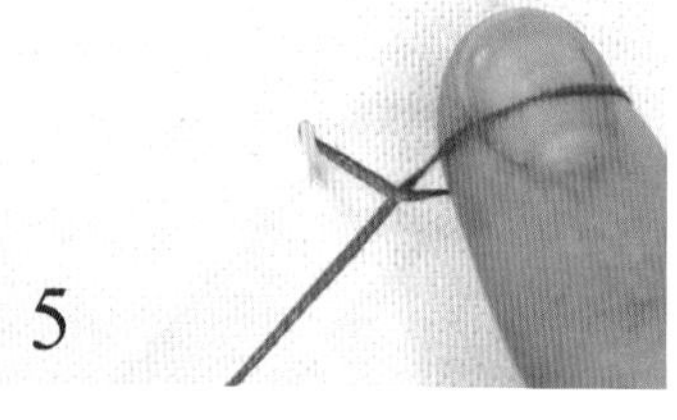

실을 올린 채 검지를 뒤집는다. 이때도 왼손은 계속 실을 당기고 있어야 한다.

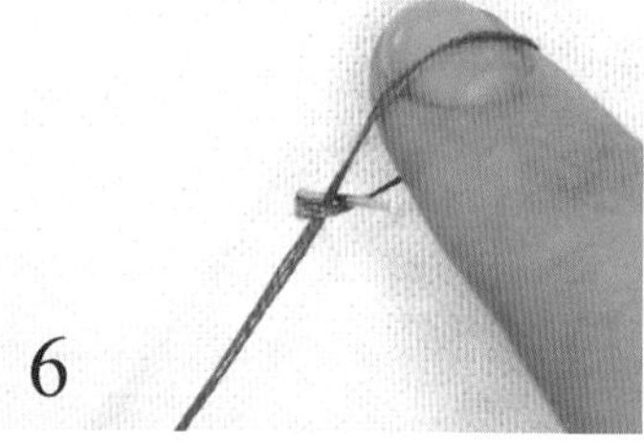

만들어진 동그란 매듭을 그대로 바늘에 건다.

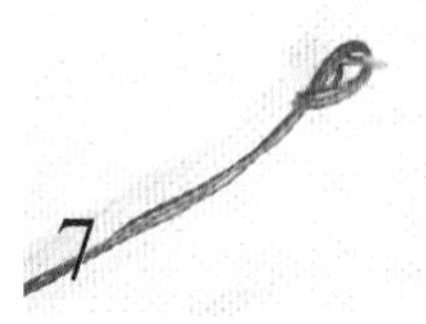

오른손을 뺀다.

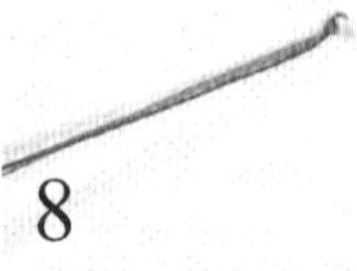

왼손으로 실을 당겨 바늘에 매듭을 짓는다.

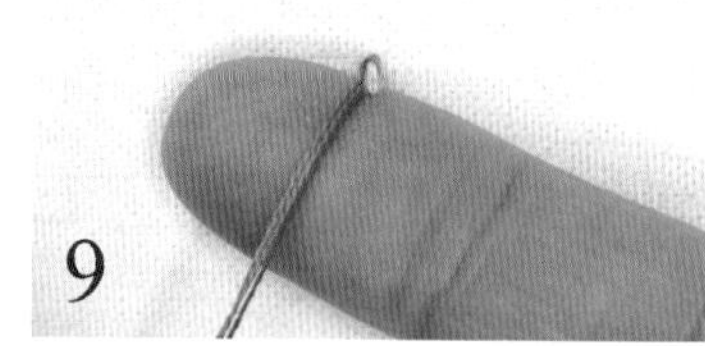

또다시 오른손 검지 위에 실을 올리고, 왼손으로 계속 당긴다.

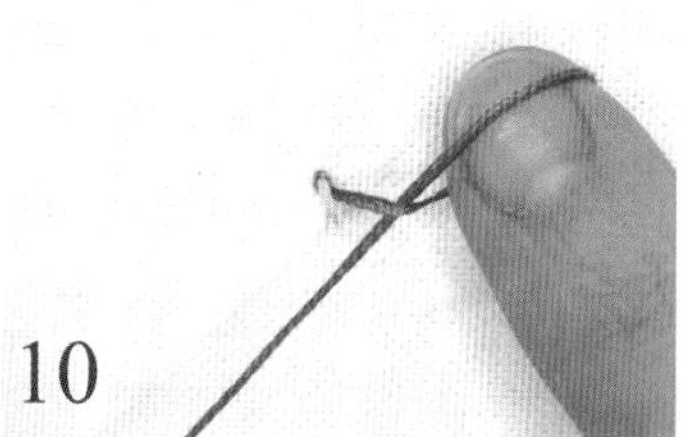

실을 올린 채 검지를 뒤집는다. 이때도 왼손은 계속 실을 당기고 있어야 한다.

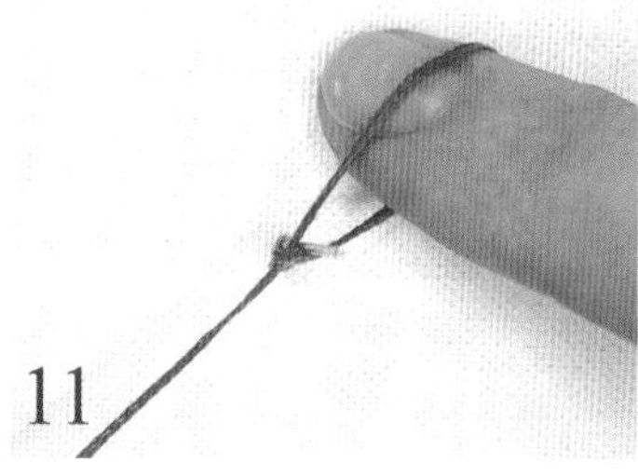

만들어진 동그란 매듭을 그대로 바늘에 건다.

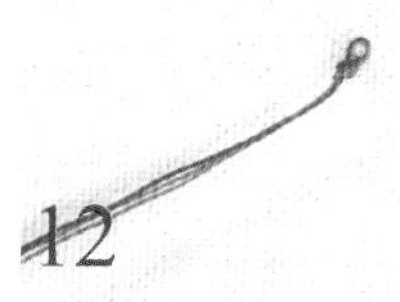

오른손을 뺀다.

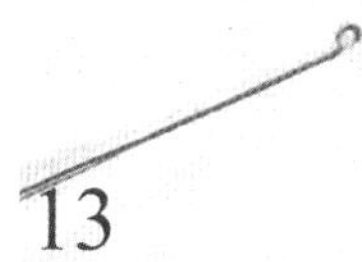

왼손으로 실을 당겨 바늘에 한 번 더 매듭을 짓는다.

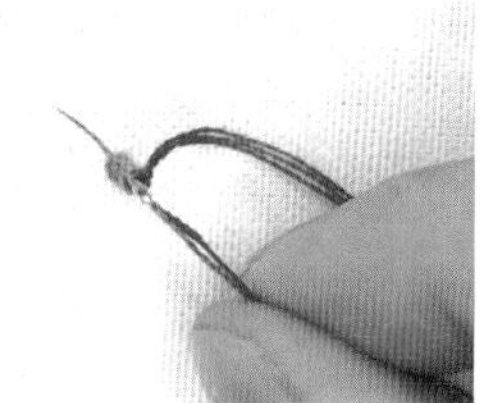

동일하게 반복해서 수놓으며 원하는 만큼 매듭을 쌓은 후, 다시 바늘귀에 실을 꿴다.

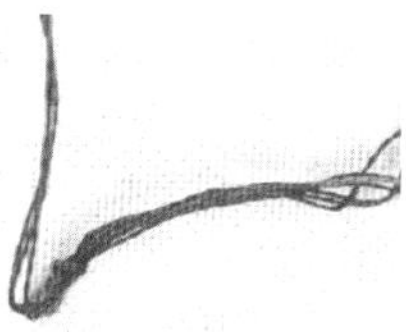

바늘을 살살 아래로 잡아당긴다.

나사처럼 꼬인 모양의 입체 원기둥이 완성된다.

Turkey Stitch
터키 스티치

입체적으로 보송보송한
털 질감을 만드는 자수

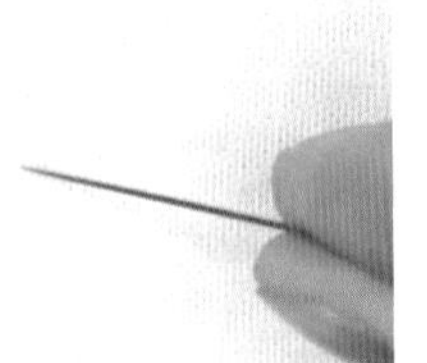

1

바늘에 꿴 실을 묶지 않고 앞면에서 뒷면으로 찌른다.

2

실의 꼬리를 조금 남길 정도로만 바늘을 당긴다.

3

꼬리 고정을 위해 아랫부분의 왼쪽에서 오른쪽으로 가로 직선을 수놓는다.

4

꼬리와 같은 구멍에서 나오도록 뒷면에에서 바늘을 찔러 앞으로 빼낸다.

5

바늘을 옆으로 약간 옮겨 앞면에서 찔러 넣는다.

6

바늘을 당겨 고리를 만든다.

7

고리 모양을 유지한 채, 앞서 만든 가로 직선 끝부분 구멍에서 바늘이 나오도록 뒷면에서 찔러 빼낸다.

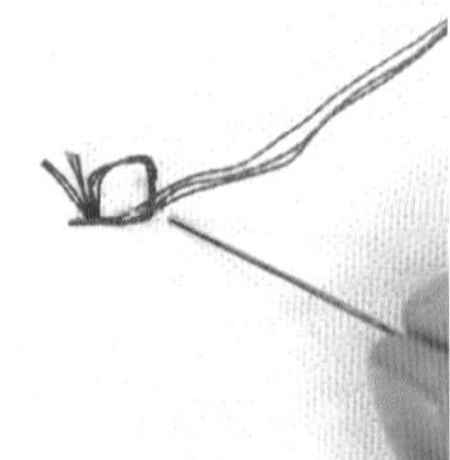

8

2번째 가로 직선을 수놓기 위해, 바늘을 옆으로 약간 옮겨 꽂아 넣는다.

9

바늘을 당겨 2번째 직선을 수놓아 고리를 고정한다.

10

앞서 만든 고리 끝부분 구멍에서 바늘이 나오도록 뒷면에서 찔러 빼낸다.

11

옆으로 약간 옮긴 다음 바늘을 꽂아 넣어, 고리 모양을 하나 더 만든다.

12

과정 7~9와 같은 방법으로 3번째 가로 직선을 수놓아 고리를 고정한다.

13

직전에 만든 고리 끝부분 구멍에서 바늘이 나오도록 뒷면에서 찔러 빼낸다.

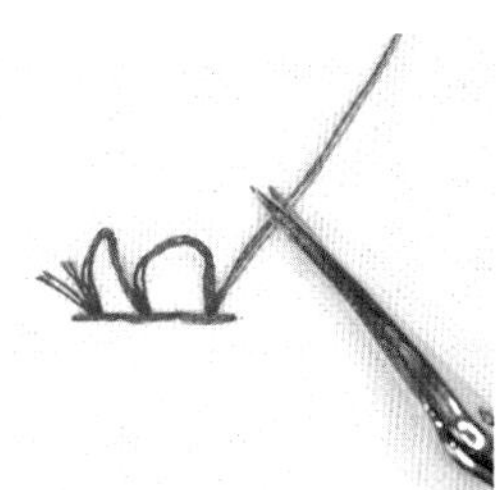

14

당긴 실을 꼬리와 비슷한 길이로 잘라준다.

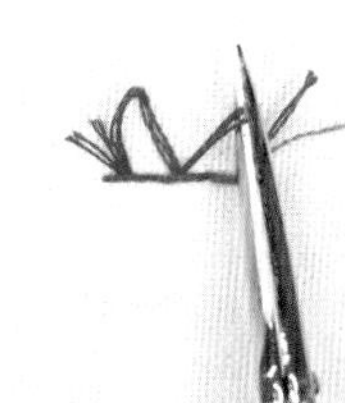

15

만들어진 고리 사이를 자른다.

16

전체적으로 실 길이를 다듬어 완성한다.

TIP

솜을 붙인 듯 보송보송하고 풍성한 터키 스티치를 만들려면 아래쪽 가로 직선을 아주 작게, 촘촘하게 수놓아야 한다. 그러면 풍성한 스티치를 만들 수 있다. 스티치를 다듬을 때는 가위를 가로로 눕히기도 하고, 사선으로도 기울이면서 미용하듯 입체적으로 잘라보자. 그 후 가위 끝으로 실을 긁어 올을 풀어주면 더욱 볼륨이 살아난다!

Masterpiece Embroidery 10

프랑스 자수 10
명화를 품은

RECIPE!

이 책의 사용법

① 마음에 드는 명화 자수를 고른다.

② 책의 맨 뒤에서 실물 사이즈 도안을 찾는다.

③ 원단 위에 먹지를 맞닿게 올리고, 책을 활짝 펴서 도안도 올린다. 두꺼운 볼펜으로 도안을 따라 그려서 원단 위에 옮긴다. 만약 책을 깨끗하게 소장하고 싶다면, 반투명한 트레이싱지에 도안을 미리 옮겨도 좋다.

④ 연한 스케치는 열펜으로 살짝 덧그려 수놓는다.

⑤ 즐거운 자수 시간! 눈으로 한 번 바늘로 또 한 번 명화를 따라 그리며 그 순간을 즐겨보자.

⑥ 완성된 자수에 열펜 자국이 보인다면 드라이기로 지우고, 먹지가 보인다면 면봉에 세제를 묻혀서 살살 지운다.

⑦ 세상에 단 하나뿐인 나의 자수 완성!

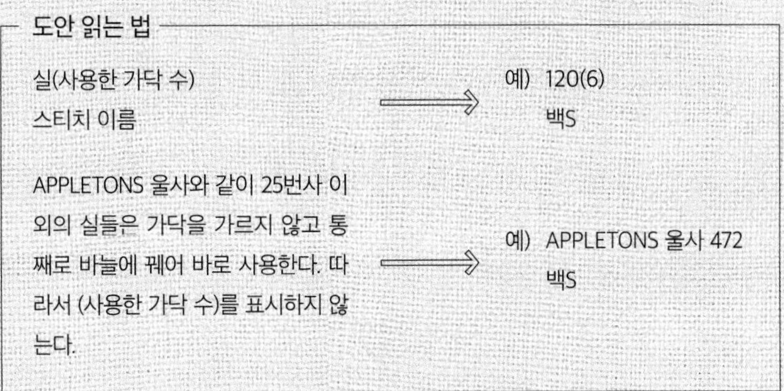

도안 읽는 법

실(사용한 가닥 수)
스티치 이름 ⟹ 예) 120(6)
백S

APPLETONS 울사와 같이 25번사 이외의 실들은 가닥을 가르지 않고 통째로 바늘에 꿰어 바로 사용한다. 따라서 (사용한 가닥 수)를 표시하지 않는다. ⟹ 예) APPLETONS 울사 472
백S

Sunflowers

Vincent van Gogh

해바라기

빈센트 반 고흐

동양의 풍수지리설에 따르면, 현관에 해바라기 그림을 걸어두면 좋은 기운을 가져다준다고 합니다. 식당이나 미용실 입구에서 해바라기 그림을 자주 볼 수 있는 까닭이지요. 그중에서도 고흐의 〈해바라기〉 그림은 단골로 등장합니다. 그려진 지 100년이 훌쩍 넘었음에도 여전히 많은 이의 마음속에 자리 잡은 것이 '역시 명화구나' 싶습니다.

우리에게 익숙한 이 작품을 자수로 재해석하는 과정에서 가장 고민한 점은 '원작의 무엇을 힘주어 표현할까'였습니다. 이글거리는 태양처럼 바깥으로 뻗어 나온 구불구불한 해바라기 잎과 안쪽에 숨겨진 보송한 꽃을 표현하는 데 집중해봤어요. 이렇듯 화가의 손길을 따라 실과 바늘로 다시 표현하는 과정은 참 많은 교감과 즐거움을 줍니다.

Sunflowers, 1888

도안

Design

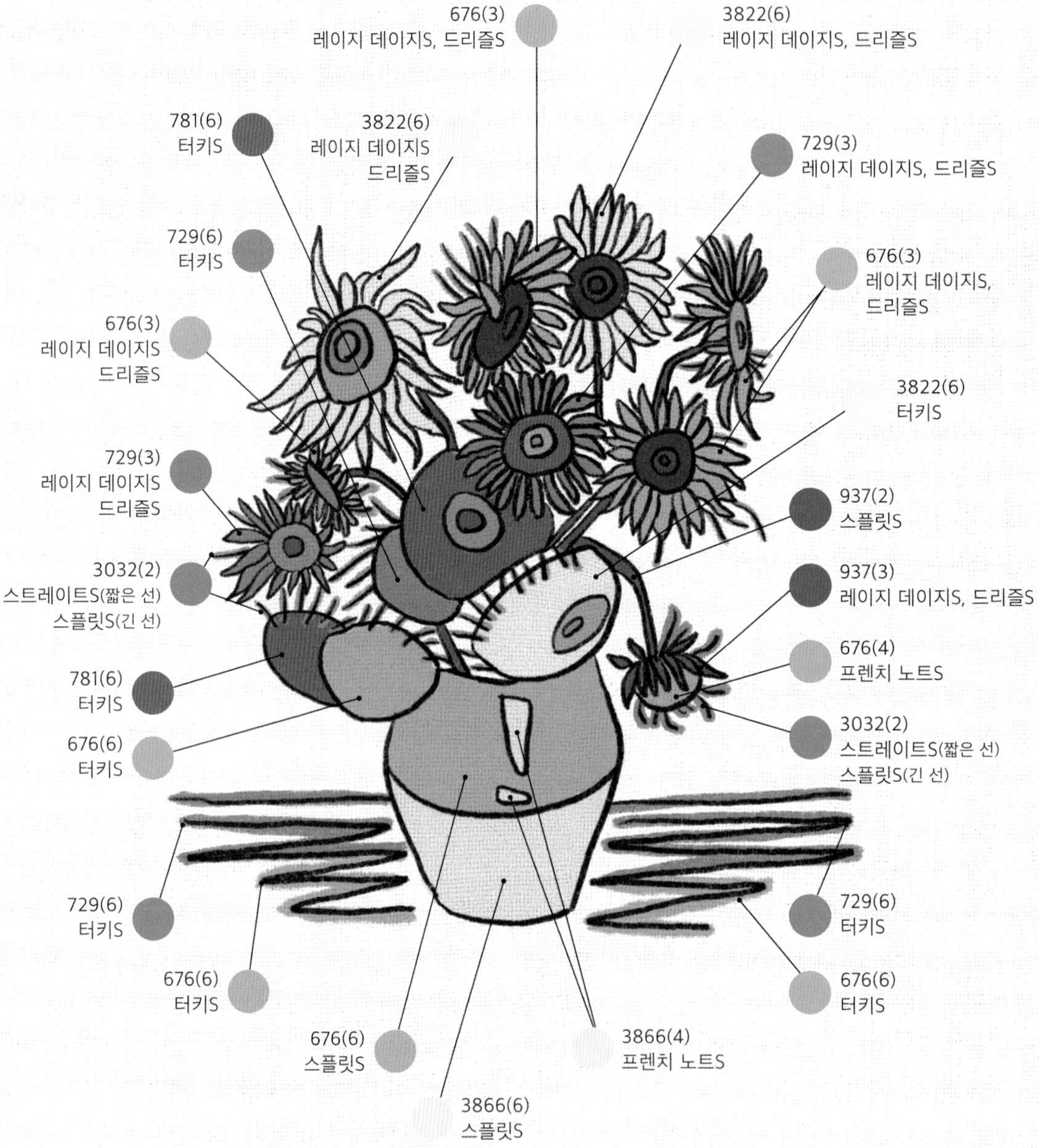

676(3)
레이지 데이지S, 드리즐S

3822(6)
레이지 데이지S, 드리즐S

781(6)
터키S

3822(6)
레이지 데이지S
드리즐S

729(3)
레이지 데이지S, 드리즐S

729(6)
터키S

676(3)
레이지 데이지S,
드리즐S

676(3)
레이지 데이지S
드리즐S

3822(6)
터키S

729(3)
레이지 데이지S
드리즐S

937(2)
스플릿S

3032(2)
스트레이트S(짧은 선)
스플릿S(긴 선)

937(3)
레이지 데이지S, 드리즐S

676(4)
프렌치 노트S

781(6)
터키S

676(6)
터키S

3032(2)
스트레이트S(짧은 선)
스플릿S(긴 선)

729(6)
터키S

729(6)
터키S

676(6)
터키S

676(6)
터키S

676(6)
스플릿S

3866(4)
프렌치 노트S

3866(6)
스플릿S

[헤바리기의 중앙 수술 부분]

3032(4) 프렌치 노트S
937(4) 프렌치 노트S
733(4) 프렌치 노트S
676(4) 프렌치 노트S
729(4) 프렌치 노트S
781(4) 프렌치 노트S
919(4) 프렌치 노트S
839(4) 프렌치 노트S

준비물 및 스티치

Supplies & Stitches

원단 하늘색 면 10수(파우치형)

실 DMC 25번사
676
729
733
781
839
919
937
3032
3822
3866

부속물 없음

스티치 스플릿S
레이지 데이지S
스트레이트S
드리즐S
터키S
프렌치 노트S

만드는 법

How to make

1 진한 초록색 줄기는 실 937번 2가닥으로 모두 스플릿S로 수놓는다.

2 나풀거리는 해바라기 꽃잎과 꽃받침은 도안을 참고해 각 색상의 번호와 가닥 수에 맞게 수놓는다. 먼저 스케치 선을 따라 레이지 데이지S 해서 안쪽에서 바깥쪽으로 뻗어나가게끔 수놓는다.

3 수놓은 레이지 데이지S 위에 동일한 실로 드리즐S 한다. 이때도 안쪽에서 바깥쪽으로 뻗어나가게끔 수놓는다. 드리즐S로 수놓을 때는 앞서 수놓은 레이지 데이지S와 어울리게 길이를 맞추며 6~12개 정도로 매듭의 개수를 랜덤하게 조절한다.

4 중앙의 동그란 해바라기 꽃은 터키S로 풍성하게 수놓는다. 도안을 참고해 각각의 실 색상을 고른 뒤, 6가닥으로 만든다. 이때 스케치의 가장 외곽부터 안쪽으로, 촘촘하게 면을 채운다. 그 후 실을 조심스럽게 다듬어가며 조각하듯 입체적인 동그라미로 만든다.

5 동그란 해바라기 꽃 주변에 뻗어나온 초록 잎은 실 3032번 2가닥으로 수놓는다. 이때 스트레이트S로 간단하게 직선 하나를 수놓아 짧은 선을 완성한다. 긴 선의 경우 스플릿S로 표현한다.

6 각 꽃의 중심이 되는 수술의 경우 도안을 참고하여 실을 고르고, 4가닥으로 프렌치 노트S 한다. 이때도 외곽의 수술부터 스티치를 수놓으며 면을 채운다.

7 화병의 경우 스플릿S로 면을 채우며 굵게 표현한다. 여기서 굵다는 것은 한 땀을 크게 수놓는 것을 말한다. 중심의 느낌표 모양의 경우 프렌치 노트S로 포인트를 주며 채운다.

8 바닥의 경우 양쪽이 대칭 모양인데, 각 부분의 상단은 실 729번 6가닥으르 중간 지점까지 터키S 하고, 히단은 실 676번 6가닥으로 터키S 한다. 그 후 실을 짧게 잘라내 벨벳 같은 질감을 표현한다.

TIP

- 먹지를 사용해서 원단에 바로 도안을 옮겨도 좋지만, 수용성 자수 심지 위에 열펜 혹은 연필로 도안을 옮기고 원단에 붙여 함께 수놓는 것을 추천한다. 다 수놓은 후 물로 씻어내면 심지는 싹 지워지고 자수만 남기 때문이다! 디테일이 많은 스케치를 수놓을 때 보다 편리하다.

The Starry Night

Vincent van Gogh

별이 빛나는 밤

빈센트 반 고흐

고흐의 인생에서 가장 어둡고 춥던 시기에 그려진 작품입니다. 당시 자신의 정신질환을 인정하고 받아들인 그는 프랑스 생 레미에 위치한 요양원에 입원했어요. 그리고 요양원의 창문 밖으로 보이는 풍경을 자기 눈에 비친 모습으로 화폭에 옮겼지요.

이 작품 속 밤하늘에는 생명력이 넘칩니다. 여러 번의 힘차고 두터운 짧은 붓 터치가 이어져 물결처럼 흐르는 이 작품 속의 밤하늘이 저에게는 꼭 자수의 백 스티치처럼 느껴졌어요. 또한 빛나는 달빛은 입체감 있고 보송하게 표현하고 싶었답니다.

이렇게 수놓은 자수는 모빌로 완성해보았어요. 요소 하나하나가 공기 중 두둥실 떠 있는 모양이 참 귀엽지요? 마음까지 시렸을 고흐의 그날을 조금이나마 따뜻하게 자수로 수놓아 보았네요.

The Starry Night, 1889

도안

Design

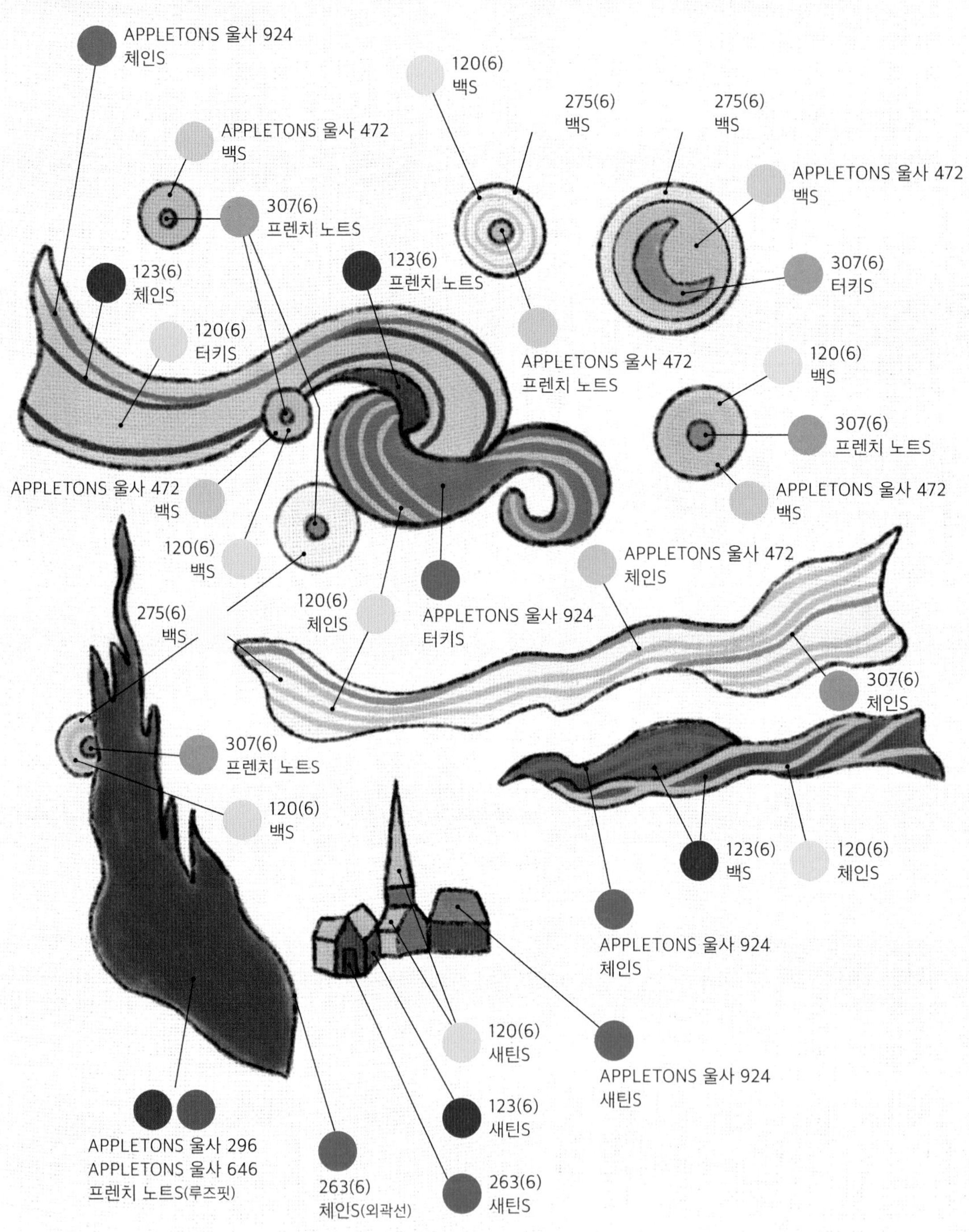
APPLETONS 울사 924
체인S
120(6)
백S
275(6)
백S
275(6)
백S
APPLETONS 울사 472
백S
APPLETONS 울사 472
백S
307(6)
프렌치 노트S
123(6)
프렌치 노트S
123(6)
체인S
307(6)
터키S
120(6)
터키S
APPLETONS 울사 472
프렌치 노트S
120(6)
백S
307(6)
프렌치 노트S
APPLETONS 울사 472
백S
APPLETONS 울사 472
백S
120(6)
백S
APPLETONS 울사 472
체인S
275(6)
백S
120(6)
체인S
APPLETONS 울사 924
터키S
307(6)
체인S
307(6)
프렌치 노트S
120(6)
백S
123(6)
백S
120(6)
체인S
APPLETONS 울사 924
체인S
120(6)
새틴S
APPLETONS 울사 924
새틴S
123(6)
새틴S
APPLETONS 울사 296
APPLETONS 울사 646
프렌치 노트S(루즈핏)
263(6)
체인S(외곽선)
263(6)
새틴S

준비물 및 스티치

Supplies & Stitches

원단 남색 리넨 20수
파란색 면 20수
카키색 면 20수
(모빌의 뒷면도 모두 동일한 원단으로 사용)

실 ANCHOR 25번사
120
123
263
275
307

APPLETONS 울사
296
472
646
924

부속물 모빌용 나무, 끈

스티치 터키S
체인S
프렌치 노트S
백S

만드는 법

How to make

1 바람결 그림은 도안을 참고해 내부 라인 부분부터 체인S 한다. 그 후 나머지 면은 도안을 참고해 백S 혹은 터키S로 채운다. 즉, 선을 먼저 수놓고 나머지 면을 채운다.

2 동그란 별 그림의 경우 먼저 외곽을 백S로 수놓고, 중앙에 프렌치 노트S 1개로 완성한다. 즉, 외곽에서 안쪽을 향해 수놓는다.

3 달 그림의 경우 둘러싼 원형의 외곽부터 백S로 수놓고, 중심의 달은 터키S로 완성한다. 터키S를 다듬을 때는 가위를 눕혀 조각하듯 볼륨 있게 자른다.

4 나무 그림의 60% 정도는 APPLETONS 울사 296번의 프렌치 노트S로 면을 채운다. 이때 위에서 흩뿌린 듯 한쪽으로 실이 쏠리지 않게 전체적인 균형을 맞춰야 한다. 나머지 40%는 APPLETONS 울사 646번으로 빈곳을 채운다. 이때 앞서 만든 프렌치 노트S 위로도 겹쳐가며 수놓는다. 프렌치 노트S는 손에 힘을 빼고 루즈한 모양으로 수놓는다.

5 집 그림은 도안을 참고해 각 색상의 실 6가닥으로 새틴S 하며 면을 채운다.

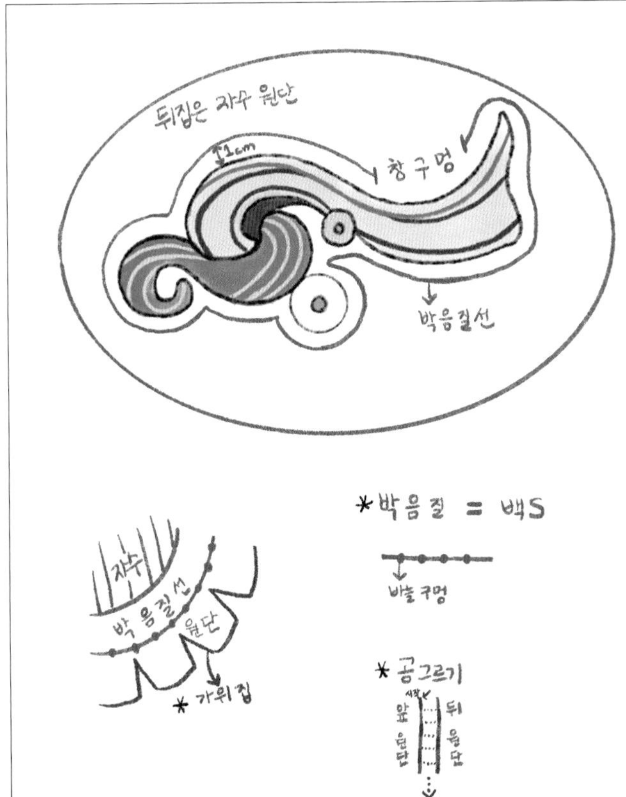

마무리법

Finishing Touch

① 완성한 자수 원단은 뒤집어서 뒷감과 맞닿게 두고, 약 1cm의 여분을 두어 박음질한다. 이때 원단과 비슷한 색상의 실 2가닥으로 박음질(백S)한다.

② 박음질 선 밖으로 약 2cm를 남기고 원단을 잘라낸 후, 곡선 부분에 가위집을 낸다.

③ 창구멍으로 원단 전체를 뒤집고 모빌 끈을 연결한다.

④ 창구멍 속을 방울솜으로 채우고 공그르기로 막는다.

⑤ 완성된 모빌을 원하는 곳에 달아준다.

Blue Nude Ⅱ

Henri Matisse

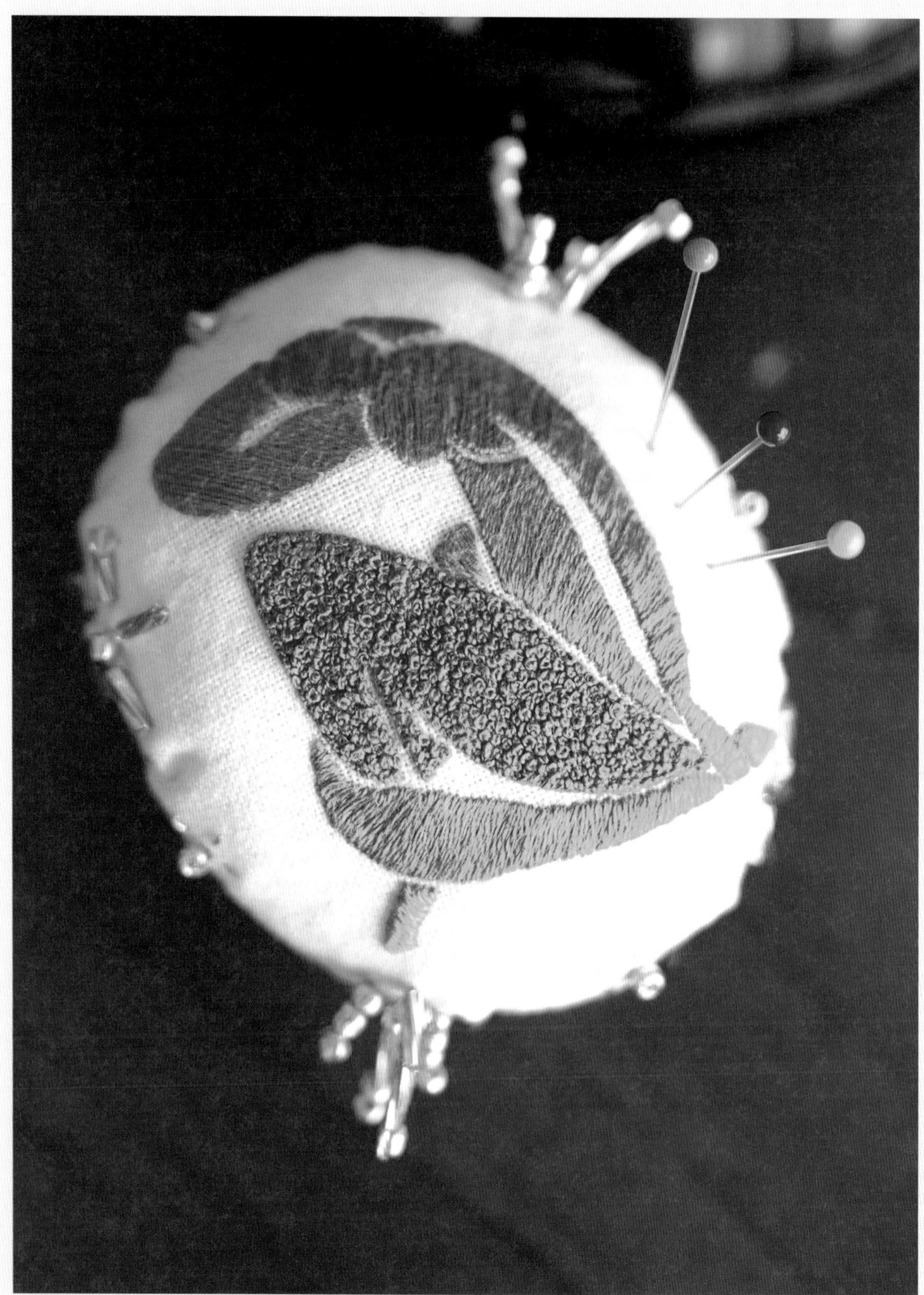

푸른 누드 II

앙리 마티스

추상과 구상이 적절히 섞인 마티스의 〈푸른 누드 II〉는 오랫동안 자수로 표현해보고 싶었던 작품입니다. 야수파의 거장 마티스가 말년에 제작한 작품으로, 푸른 색감과 단순한 선이 감상의 포인트랍니다. 평면 회화지만 종이 오리기 기법으로 제작되어서인지 조각 같기도 해요. 마치 조각상의 단면을 보는 듯한 느낌이지 않나요?

단순한 선과 강렬한 색채가 돋보이는 이 작품을 어떻게 실과 바늘로 다시 표현할 수 있을까 고민한 끝에, 자수에서만 느낄 수 있는 질감을 덧입혀 보았어요. 새틴 스티치가 주는 고운 사선의 결로 차곡차곡 선을 쌓아 몸의 대부분을 표현하고, 시선이 가장 많이 머무는 중앙 허벅지는 점묘법을 연상시키는 작은 프렌치 노트 스티치로 섬세하게 수놓았어요.

앞선 화가들의 작품처럼 도안을 단순화하는 과정도 재미있지만, 마티스의 작품처럼 단순화된 작업에 새로운 이야기를 불어넣는 즐거움도 크답니다.

Blue Nude II, 1952

도안

Design

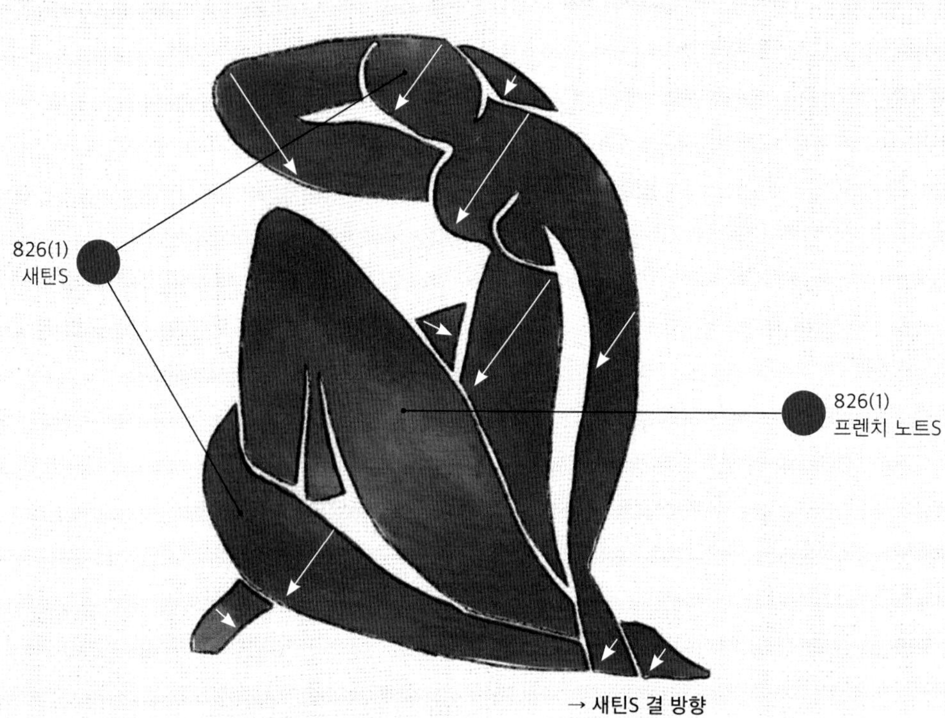

준비물 및 스티치

Supplies & Stitches

원단 흰색 리넨 20수

실 DMC 25번사
826
DMC 디아망
D3821

부속물 나무 밑받침(핀쿠션 제작용)
방울솜
비즈
글루건(목공풀로 대체 가능)

스티치 새틴S
프렌치 노트S

만드는 법

How to make

1 도안의 결을 따라 실 826번 1가닥으로 곱게 새틴S 한다.

2 중앙 허벅지 부분은 동일한 색상의 실 1가닥으로 프렌치 노트S 한다.

3 개인 취향에 따라 원하는 위치에 메탈사(D3821)로 비즈를 2번씩 꿰어 단단하게 고정한다(생략 가능).

- 프렌치 노트S 할 때 스케치 선을 따라 외곽을 먼저 수놓고, 안쪽 면을 채우면 더욱 깔끔하게 수놓을 수 있다.

마무리법

Finishing Touch

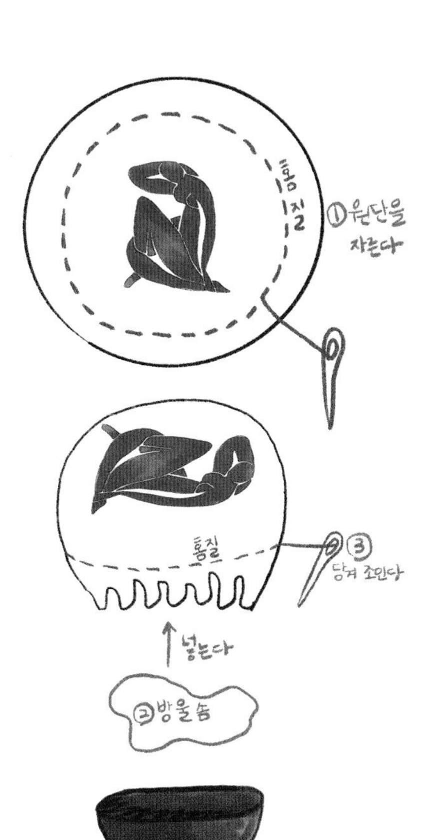

① 완성한 자수 원단은 넉넉하게 여백을 남기고 동그라미 모양으로 자른다.

② 흰색 실 2가닥으로 홈질한다.

③ 홈질을 살짝 당겨 조이고 속을 방울솜으로 채운다. 이때 방울솜이 없다면, 일반적인 베개솜으로 대체한다.

④ 홈질을 완전히 당겨 공 모양으로 만들고, 단단하게 여러 번 매듭지어 고정한다. 그 후 나무 받침대에 글루건을 발라 붙인다.

The Dance Ⅱ

Henri Matisse

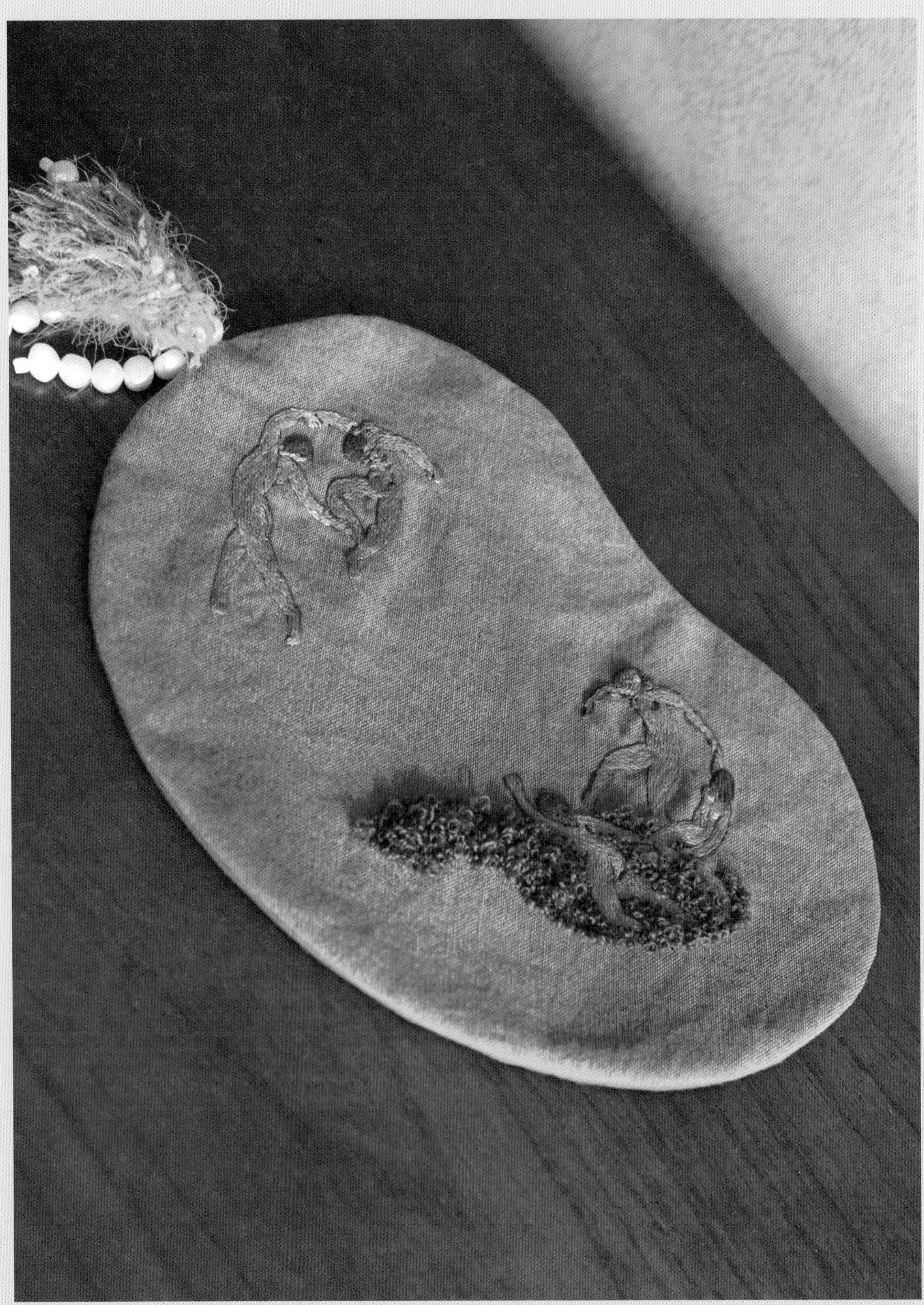

춤 Ⅱ

앙리 마티스

마티스의 〈춤 Ⅱ〉입니다. 마티스의 작품을 관통하는 하나의 색채를 꼽으라면, 단연 강렬한 붉은색일 거예요. 단순화된 인체에 강한 원색과 보색을 활용한 색채가 작품을 보다 감각적으로 만들지요.

푸른색 원단 위에 붉은색 실로 수놓으며 이 그림이 굉장히 섬세하다는 사실을 깨달을 수 있었어요. 각 인물의 붉은 정도도 각기 다르고, 무엇보다 인체의 그림자를 포인트만 골라서 선으로 표현했다는 사실이 느껴졌거든요.

이 단순한 섬세함을 가장 잘 드러낼 수 있는 스티치가 무엇일까 고민하다가 스플릿 스티치를 골랐어요. 작은 땀이 연속적으로 중첩되는 가운데 하나의 넓은 면을 채울 수 있는, 즉 보다 입자가 고운 면 표현이 가능한 방법이거든요. 진한 그림자 선도 표현하기 좋고요. 인물들의 머리카락과 초록색의 언덕에 나름의 상상을 더해 입체적으로 수놓음으로써 살짝 유머까지 더해보았네요.

The Dance Ⅱ, 1909~1910

도안

Design

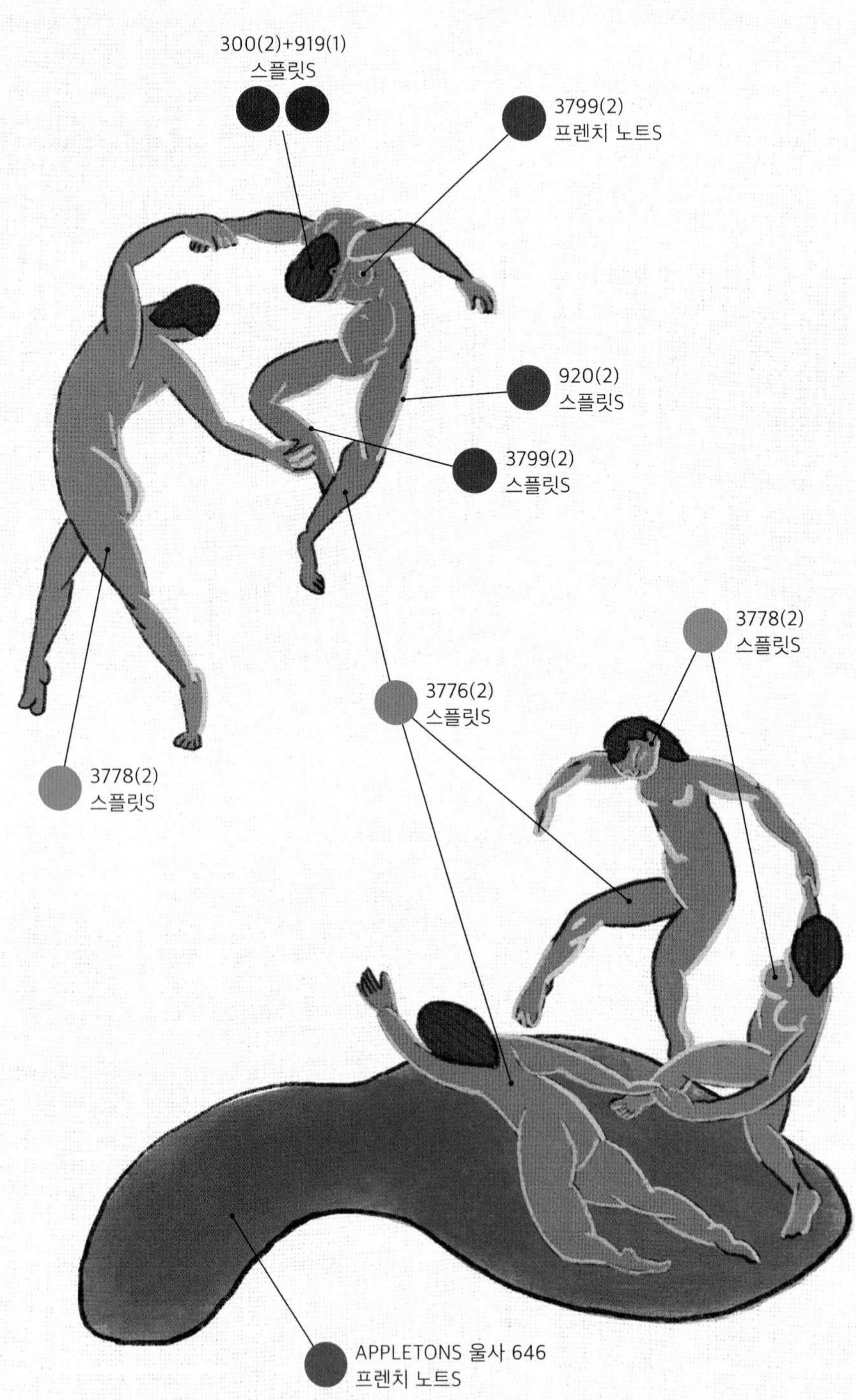
300(2)+919(1)
스플릿S
3799(2)
프렌치 노트S
920(2)
스플릿S
3799(2)
스플릿S
3778(2)
스플릿S
3776(2)
스플릿S
3778(2)
스플릿S
APPLETONS 울사 646
프렌치 노트S

준비물 및 스티치

Supplies & Stitches

원단 파란색 면 20수(앞면용 원단)
초록색 리넨 20수(뒷면용 원단)

실 DMC 25번사
300
919
920
3776
3778
3799
APPLETONS 울사
646

부속물 담수 진주
테슬

스티치 스플릿S
프렌치 노트S

만드는 법

How to make

1 도안의 연두색 선은 인체의 하이라이트 부분의 선으로, 실 920번 2가닥으로 스플릿S 한다.

2 도안의 하늘색 선은 인체의 그림자 부분의 선으로, 실 3799번 2가닥으로 스플릿S 한다.

3 인체의 나머지 면은 각 도안에 맞게 실 3776번 혹은 3778번 2가닥으로 스플릿S 하며 꼼꼼하게 채운다.

4 머리카락의 경우, 실 300번 2가닥과 919번 1가닥을 합쳐서 총 3가닥으로 굵게 스플릿S 한다.

5 초록 언덕의 경우, APPLETONS 울사 646번으로 느슨한 프렌치 노트S와 일반적이고 단단한 모양의 프렌치 노트S를 섞어 풍성하게 수놓는다.

마무리법

Finishing Touch

① 완성한 자수 원단을 뒷감과 맞닿게 두고, 원단과 비슷한 색상의 실 2가닥으로 박음질한다.

② 박음질 선 밖으로 약 2cm를 남기고 원단을 잘라낸 후 곡선 부분에 가위집을 낸다.

③ 창구멍으로 원단 전체를 뒤집고 담수 진주로 참을 단다. 이때 담수 진주는 실로 단단하게 꿰어 연결해도 좋고, 쇠줄에 꿰어서 더욱 단단하게 접합해도 좋다.

④ 창구멍을 공그르기로 막아 완성한다.

The Kiss

Gustav Klimt

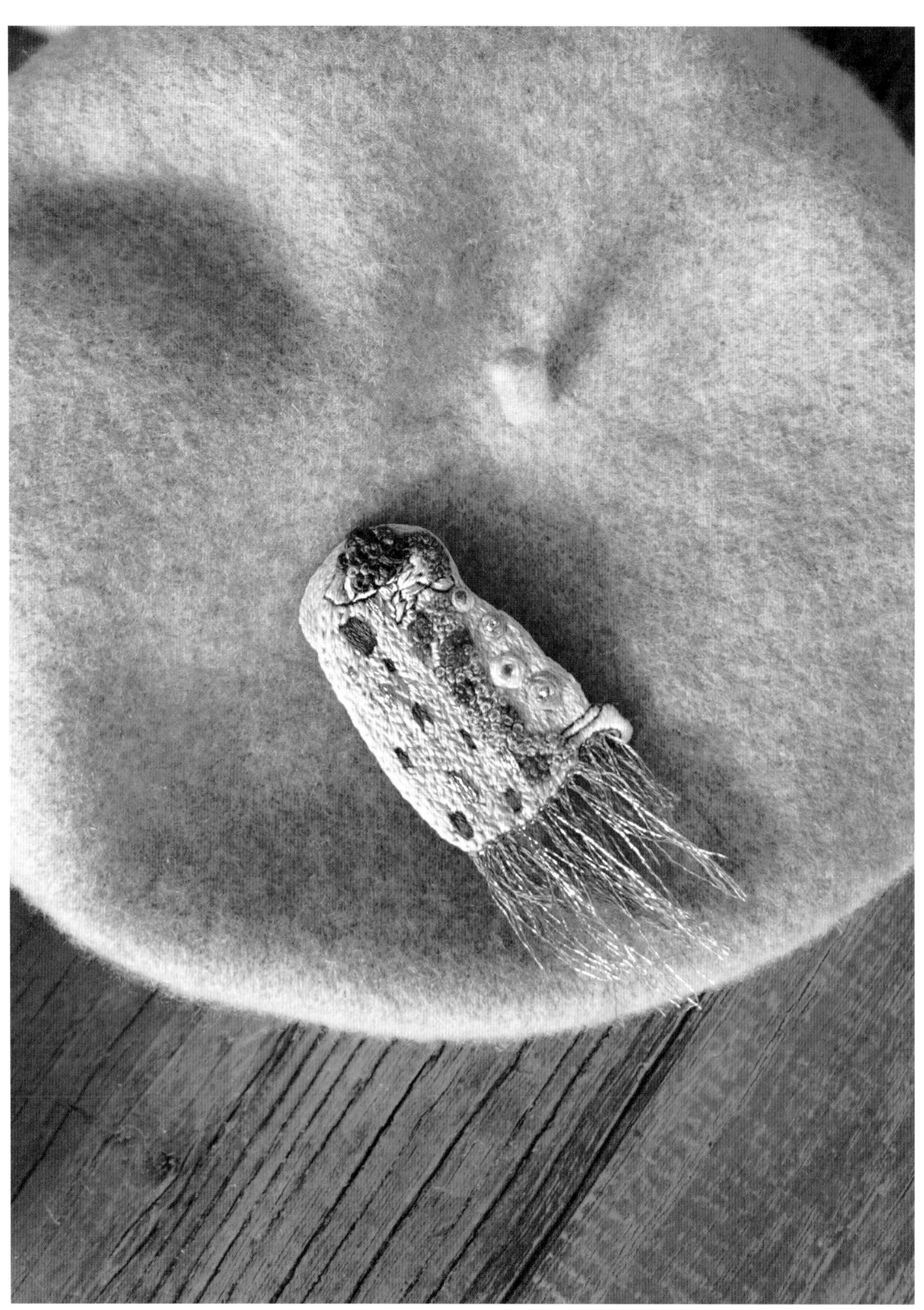

키스

구스타브 클림트

여러분은 '명화' 하면 떠오르는 대표적인 작품이 무엇인가요? 저에게는 구스타브 클림트의 〈키스〉입니다. 시공간을 느낄 수 없는 우주 같은 몽환적인 배경과 기하학적인 무늬 속에 갇힌 연인의 모습. 이 모든 요소가 저를 매료시키거든요.

남자의 옷은 검은색과 흰색 그리고 회색의 사각형을 사용해 거친 남성성을 강조했습니다. 여자의 옷은 다채로운 색상의 원형과 꽃으로 부드러움을 극대화했어요. 서로 다른 조형적 요소를 가진 연인이 서로 포개어 입을 맞출 때 하나의 큰 덩어리로 결합되며 조화를 이루게끔 말이에요. 실제 작품보다 도안에서 더욱 단순화하며 옷의 조형적 요소와 무릎 아래로 흐르는 언덕을 재미있게 표현했어요.

저는 화려한 이 작품을 브로치로 만들어봤어요. 자수의 매력은 복잡한 요소도 도안화 과정을 잘 거친다면, 일상 속 가장 친밀한 물건으로 자리 잡을 수 있다는 거예요. 수놓아서 사랑하는 사람에게 선물해보면 어떨까요?

The Kiss, 1907~1908

도안

Design

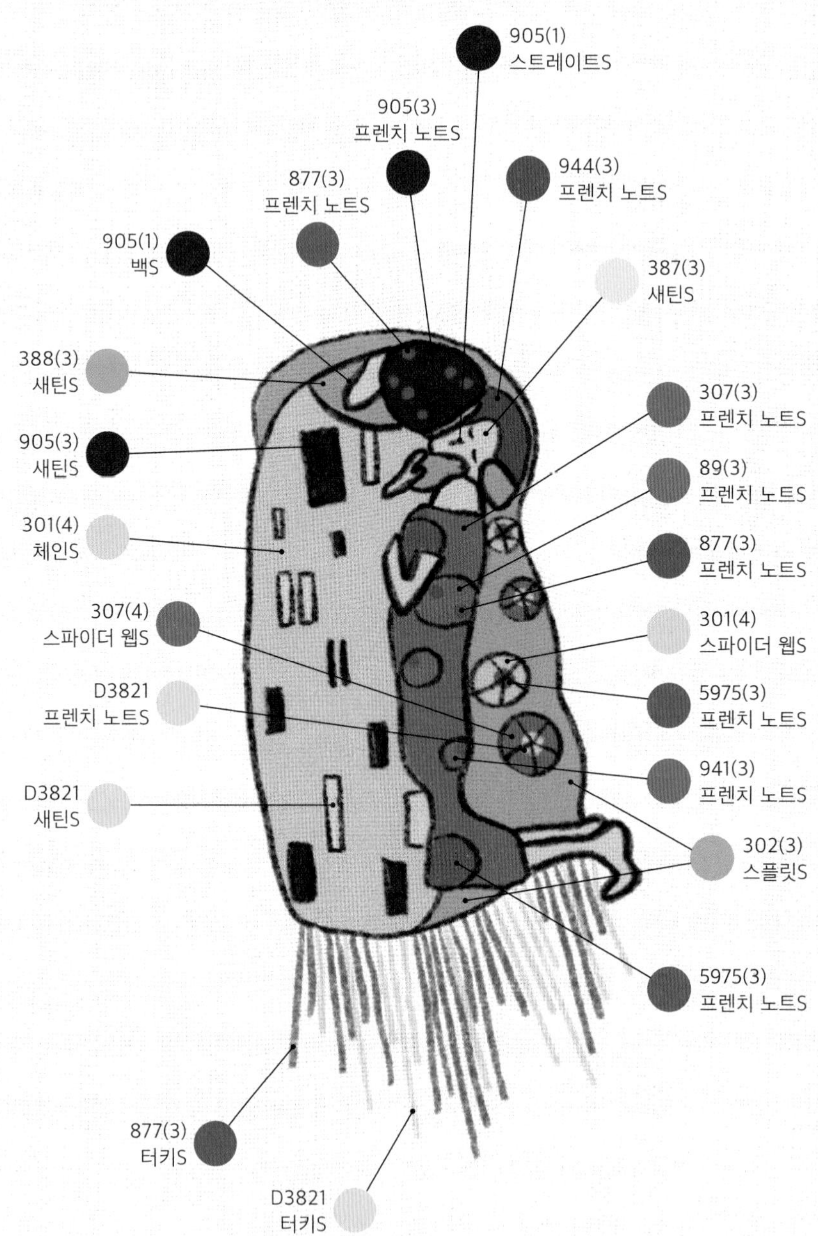

905(1)
스트레이트S
905(3)
프렌치 노트S
944(3)
프렌치 노트S
877(3)
프렌치 노트S
905(1)
백S
387(3)
새틴S
388(3)
새틴S
307(3)
프렌치 노트S
905(3)
새틴S
89(3)
프렌치 노트S
301(4)
체인S
877(3)
프렌치 노트S
307(4)
스파이더 웹S
301(4)
스파이더 웹S
D3821
프렌치 노트S
5975(3)
프렌치 노트S
941(3)
프렌치 노트S
D3821
새틴S
302(3)
스플릿S
5975(3)
프렌치 노트S
877(3)
터키S
D3821
터키S

준비물 및 스티치

Supplies & Stitches

원단 흰색 퓨어 리넨 30수

실 ANCHOR 25번사사
- 89
- 301
- 302
- 307
- 387
- 388
- 877
- 905
- 941
- 944
- 5975

DMC 디아망
- D3821

부속물 실크 단면 접착 심지
(뒷면 마감용)
펠트
브로치 핀
글루건
목공풀

스티치 스플릿S
스파이더웹S
체인S
새틴S
프렌치 노트S
스트레이트S
백S
터키S

만드는 법

How to make

1 여자 등 뒤의 노란색 부분은 실 302번 3가닥으로 스플릿S 한다. 이때 가장 외곽선을 촘촘하게 먼저 수놓고, 속을 채워간다. 또한 도안의 동그란 부분은 생략하고, 나머지 면만 채운다.

2 여자 등 뒤의 동그란 무늬는 도안을 참고해 두 종류의 노란색으로 스파이더 웹S 하며 채운다. 또한 두 종류 색상의 실로 중심에 프렌치 노트S 한다.

3 남자의 몸은 실 301번 4가닥으로 체인S 한다. 이때 가장 외곽선을 먼저 수놓은 뒤, 안을 채운다. 또한 도안의 사각형 부분은 생략하고, 나머지 면만 채운다.

4 도안을 참고해 남자 몸의 사각형 부분은 두 종류의 실로 새틴S 한다. 이때 메탈사(DMC 디아망 D3821)의 경우 실을 가르지 않고 통째로 바늘에 꿰어 사용한다.

5 여자 옷의 경우 실 307번 3가닥으로 프렌치 노트S 한다. 이때 동그란 무늬는 생략하고, 나머지 면만 채운다. 그 후 도안을 참고해 동그란 무늬 부분을 각각의 실로 프렌치 노트S 하며 채운다.

6 도안을 참고해 여자 몸과 얼굴의 경우 실 387번, 남자의 몸과 얼굴의 경우 실 388번 각각 3가닥으로 새틴S 한다. 그 후 실 905번 1가닥으로 백S 하며 몸의 경계를 수놓는다. 여자의 얼굴 경계는 같은 실로 스트레이트S 하며 간단하게 표현한다.

7 여자의 머리카락은 실 944번 3가닥으로 프렌치 노트S 한다. 이때 일반적이고 단단한 모양의 프렌치 노트S로 수놓는다.

8 남자의 머리카락은 실 905번 3가닥으로 느슨하게 프렌치 노트S 한다. 이때 스티치들이 서로 겹치게끔 하면서 도톰하게 수놓는다. 그 후 실 877번 3가닥으로 머리 위에 일반적이고 단단한 모양의 프렌치 노트S를 6개 수놓아 간단한 초록 잎 느낌을 표현한다.

9 남자와 여자의 다리 하단은 실 877번 3가닥으로 터키S 한다. 이때 초록색 부분에만 수놓는다. 메탈사(DMC 디아망 D3821)로 노란색 부분에 터키S한 후 전체적으로 다양한 길이로 잘라낸다.

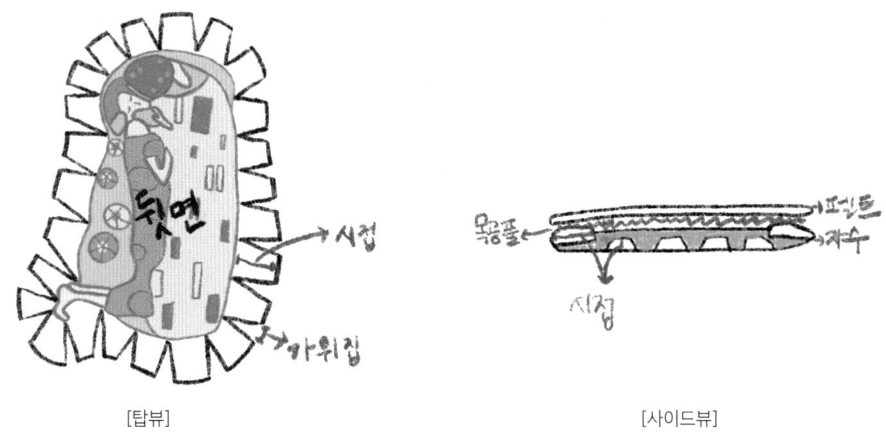

[탑뷰] [사이드뷰]

마무리법

Finishing Touch

① 뒤가 보이지 않도록 완성한 자수 뒷면에 '실크 단면 접착 심지'를 올리고, 헝겊으로 덮은 뒤 다림질한다.

② 완성한 자수 외곽을 약 1.5cm가량 남기고 잘라내 시접을 만든다.

③ 시접에 1cm 간격으로 가위집을 낸다.

④ 자수 뒷면에 면봉으로 살살 목공용 풀을 발라가며 시접을 붙인다.

⑤ 자수와 같은 크기로 펠트지를 잘라낸다.

⑥ 펠트지에 브로치 핀을 바느질로 붙인다. 만약 바느질용 핀이 아니라면 글루건으로 붙여도 좋다.

⑦ 자수의 뒷면과 펠트지를 목공용 풀로 붙여 완성한다.

The Kiss – Gustav Klimt

Water Lilies

Claude Monet

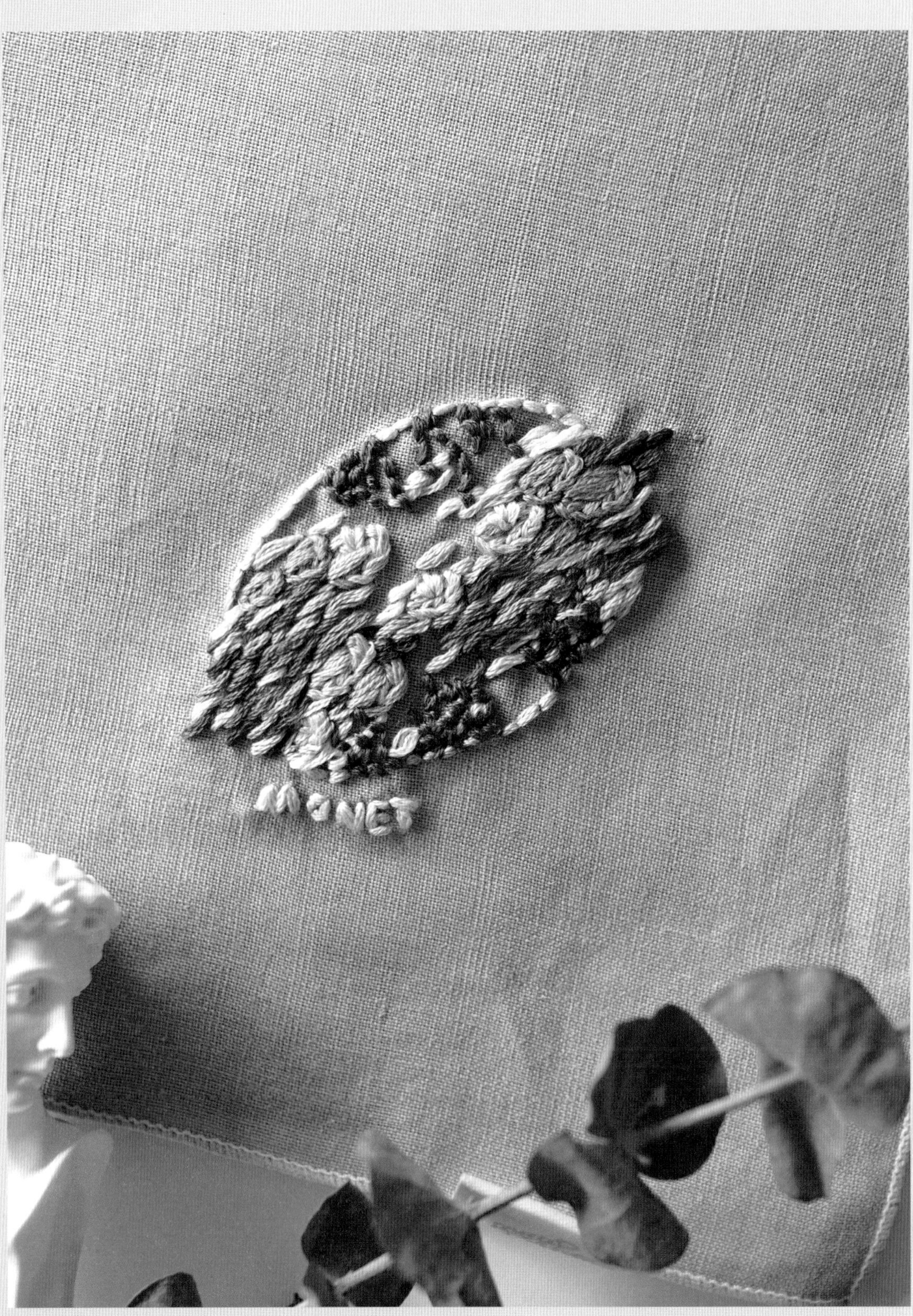

수련

클로드 모네

개인적으로 가장 좋아하는 명화를 고르라면, 고민 없이 "모네의 〈수련〉"이라고 답합니다. 이파리 몇 개를 제외하곤 어떤 구체적인 사물이나 구상이 없는데도, 그 색채와 붓 터치만으로 푹 빠질 수밖에 없는 작품이에요. 저에게 이 작품은 단순히 아름다운 풍경, 그 이상의 의미가 있어요. 파리에서 유학하던 시절, 나를 위해 정성스럽게 시간을 보내고 싶은 날에는 하교 후 오랑주리 미술관에 들러 모네의 〈수련〉을 보았거든요. 사면의 벽을 가득 채운 푸른빛과 보랏빛 그리고 초록빛의 향연, 미술관 천장 위로 산란해 들어오는 자연광에 저는 모네의 정원 속에 빠진 듯 완전히 매료됐어요.

한국에 돌아와서는 실크 원단 위에 페인팅을 하고 자수를 올려 여러 번 재해석했어요. 그렇게 엠블럼처럼 단순화한 모네 자수 손수건이 탄생했답니다. 이렇게 방대하고 분위기가 가득 느껴지는 작품을 단순화하려 노력한 건 더욱 많은 이와 자수로 즐기고 싶어서예요. 누구나 모네의 〈수련〉을 쉽고 또 즐겁게 수놓았으면 하는 바람입니다.

Water Lilies, 1906

도안
Design

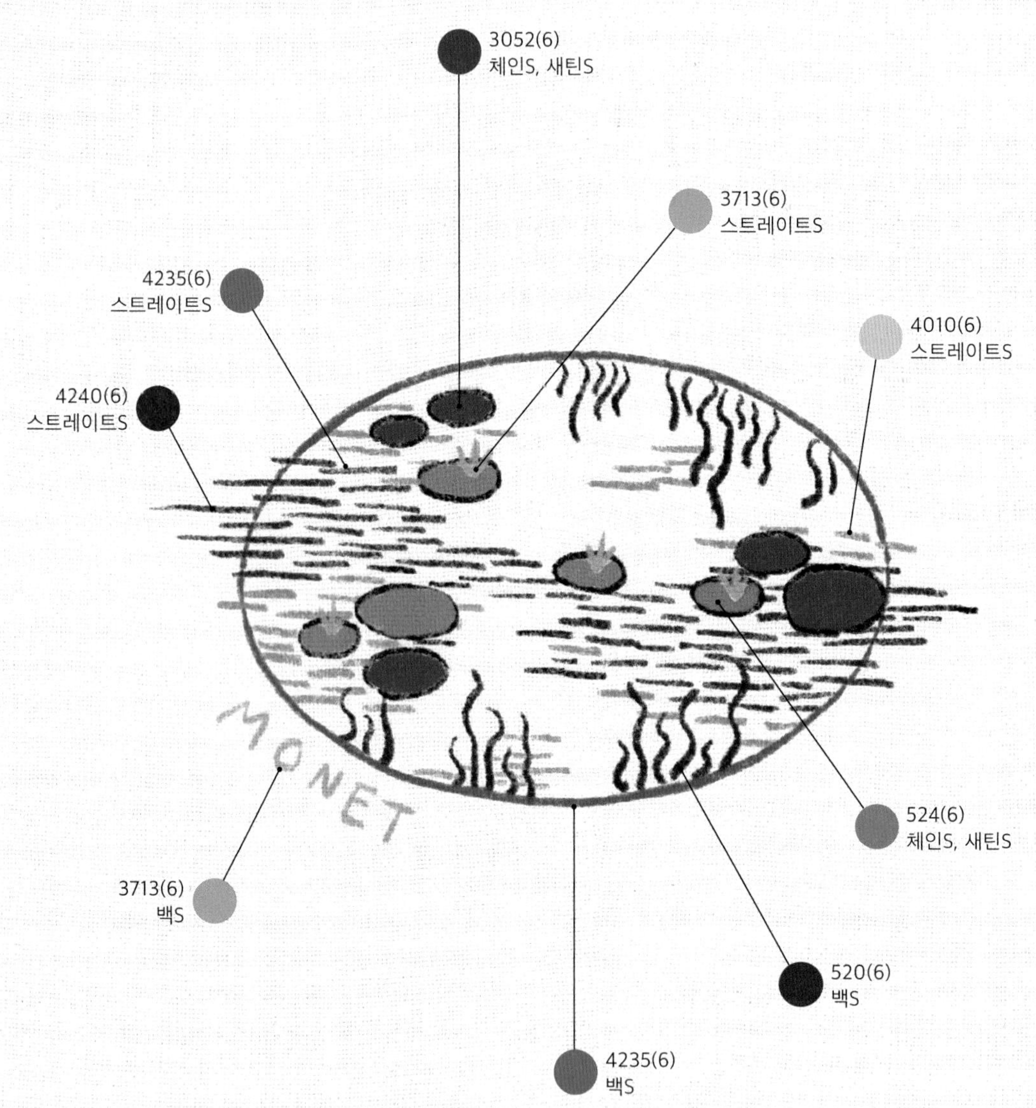
3052(6)
체인S, 새틴S
3713(6)
스트레이트S
4235(6)
스트레이트S
4010(6)
스트레이트S
4240(6)
스트레이트S
MONET
524(6)
체인S, 새틴S
3713(6)
백S
520(6)
백S
4235(6)
백S

준비물 및 스티치

Supplies & Stitches

원단 남색 퓨어 리넨 30수

실 DMC 25번사
- 520
- 524
- 3052
- 3713
- 4010
- 4235
- 4240

부속물 실크 단면 접착 심지 (뒷면 마감용)

스티치 스트레이트S
체인S
백S
새틴S

만드는 법

How to make

1 검은색 선으로 표시된 물결의 중심부는 실 4240번 6가닥으로 스트레이트S 한다.

2 검은색 선으로 표시된 물결의 가장자리 부분은 실 4235번 6가닥으로 스트레이트S 한다.

3 회색 선으로 표시된 물결은 실 4010번 6가닥으로 스트레이트S 한다.

4 도안을 참고해 실 524번과 3052번 6가닥으로 연잎의 외곽선을 각각 체인S 한다. 그 후 동일한 실을 사용해 새틴S로 안을 채운다.

5 큰 타원 주변에 떨어지는 구불구불한 초록 선은 실 520번 6가닥으로 촘촘하게 백S 한다.

6 연꽃은 연잎 위에 실 3713번 6가닥으로 스트레이트S 하며 간단하게 표현한다. 동일한 실로 MONET 글씨도 백S로 수놓는다.

7 큰 타원의 프레임은 실 4235번 6가닥으로 백S 한다.

TIP

- 물결을 표현할 때는 스케치에 표시된 검은색 선과 회색 선만 수놓고 끝내는 것이 아니라, 서로 자연스럽게 하나의 덩어리로 보일 수 있도록 사이사이를 채우며 그러데이션으로 표현한다.
- 모든 땀이 촘촘하다고 예쁜 것은 아니다. 물결은 조금 큰 땀으로 길쭉하게 수놓고, 구불구불한 초록 선이나 레터링은 촘촘하게 수놓아 리듬감을 준다.

마무리법

Finishing Touch

뒤가 보이지 않도록 완성한 자수의 뒷면에 '실크 단면 접착 심지'를 올리고 헝겊으로 덮은 뒤 다림질한다.

The Birth of Venus

Sandro Botticelli

비너스의 탄생

산드로 보티첼리

〈비너스의 탄생〉은 서양 미술사를 배우면 꼭 등장하는 작품입니다. 보티첼리가 '비너스가 탄생하는 순간'을 상상하며 그린 작품이기도 하지요. 미의 상징인 비너스에게 걸맞은 조개와 흩날리는 장미꽃이 인상적이에요. 그림만 보아도 바람결과 향기가 느껴지지 않나요? 이탈리아 피렌체 지방의 우아함이 가득 담긴 작품인 만큼 꼭 자수로 표현해보고 싶었어요.

이번 작품을 재해석하면서, 프렌치 노트 스티치 기법을 메인으로 사용했습니다. 부서지는 파도의 보글보글한 거품을 연상시키는 질감은 아무래도 작은 도트 무늬인 프렌치 노트 기법이 제일인 듯해서요.

조개를 타고 있는 비너스는 다시금 큰 조개 모양을 한 프레임 파우치로 완성되었어요. 파우치 뒷면에 반짝이는 진주 도안이 비너스의 이야기를 더 들려줄 것 같지 않나요? 비너스가 수놓아진 파우치, 그 속에 어떤 아름다운 물건이 담겨 있을까요?

The Birth of Venus, 1485년경

도안

Design

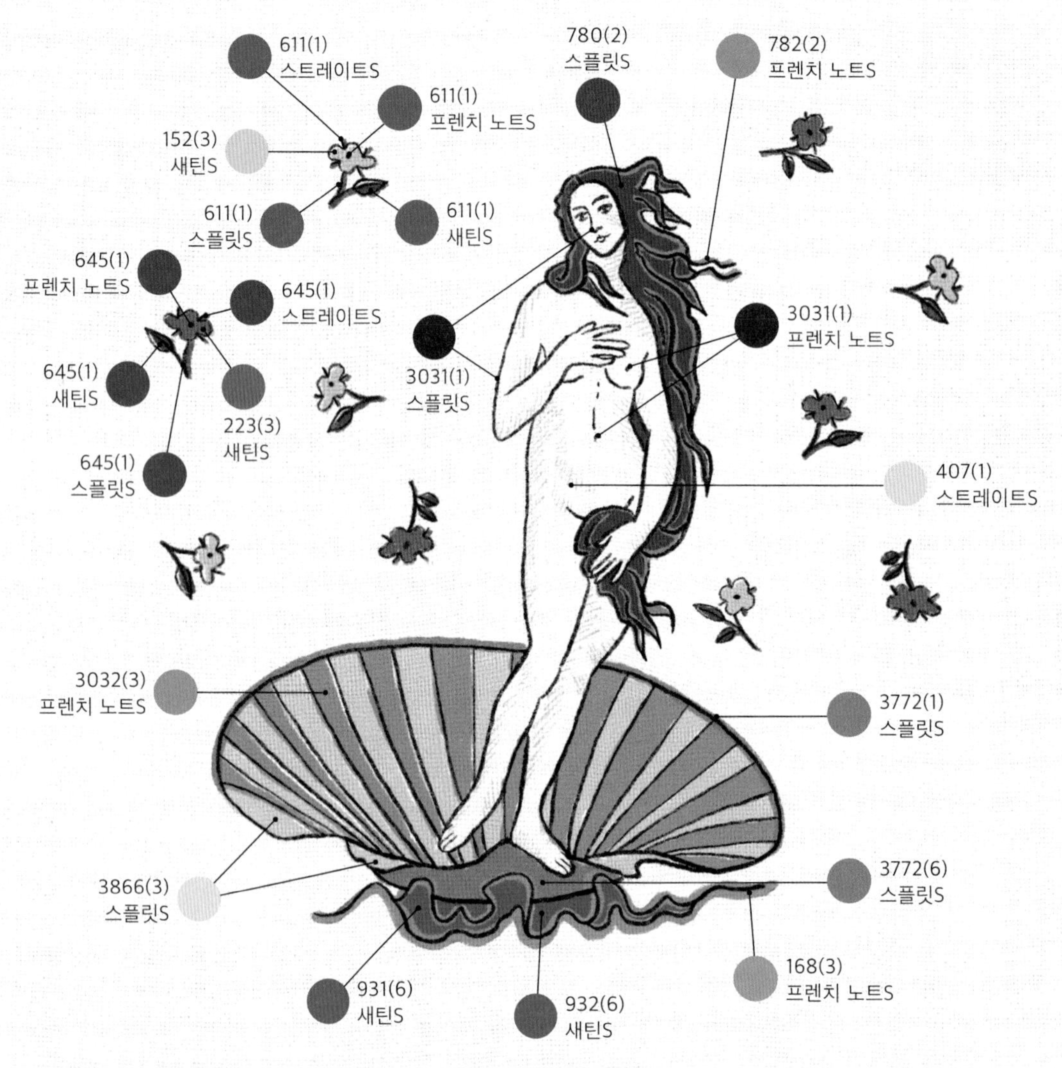
611(1)
스트레이트S
611(1)
프렌치 노트S
152(3)
새틴S
611(1)
스플릿S
611(1)
새틴S
780(2)
스플릿S
782(2)
프렌치 노트S
645(1)
프렌치 노트S
645(1)
스트레이트S
645(1)
새틴S
223(3)
새틴S
645(1)
스플릿S
3031(1)
스플릿S
3031(1)
프렌치 노트S
407(1)
스트레이트S
3032(3)
프렌치 노트S
3772(1)
스플릿S
3866(3)
스플릿S
3772(6)
스플릿S
168(3)
프렌치 노트S
931(6)
새틴S
932(6)
새틴S

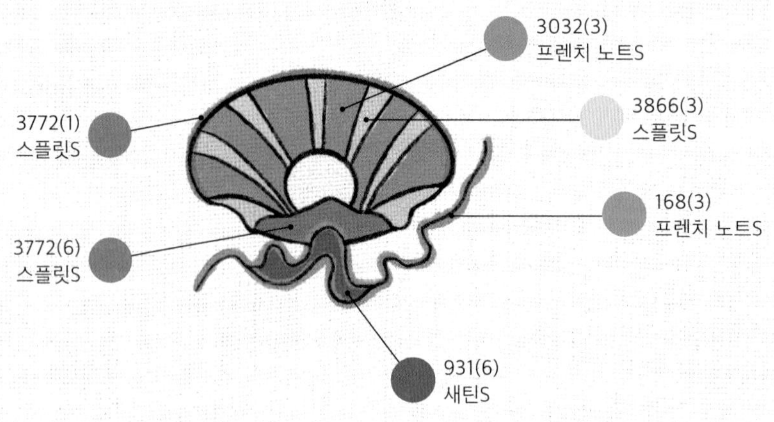
3032(3)
프렌치 노트S
3772(1)
스플릿S
3866(3)
스플릿S
168(3)
프렌치 노트S
3772(6)
스플릿S
931(6)
새틴S

준비물 및 스티치

Supplies & Stitches

원단 분홍색 면 20수(뒷면)
베이지색 면 20수(앞면)
(모두 동일한 원단으로
속감에도 사용)

실 DMC 25번사
152
168
223
407
611
645
780
782
931
932
3031
3032
3772
3866

부속물 무공 프레임, 지끈, 공작용 풀,
포인트 진주(새틴S로 대체 가능)

스티치 스플릿S
프렌치 노트S
스트레이트S
새틴S

만드는 법

How to make

1 비너스 머리카락의 선 부분은 실 782번 2가닥으로 촘촘하게 프렌치 노트S 한다. 이 부분은 뒤에서 태양이 비치는 듯한, 후광의 느낌을 표현한 것이다. 그 후 머리카락 속은 실 780번 2가닥으로 스플릿S 하며 채운다.

2 비너스 얼굴과 몸의 검정색 선은 실 3031번 1가닥으로 섬세하게 스플릿S 한다. 이때 도안을 참고해 점 부분은 프렌치 노트S 한다.

3 몸통의 내부 그림자는 도안을 참고해 실 407번 1가닥으로 얇게 스트레이트S 한다.

4 조개 내부의 어두운 면은 실 3032번 3가닥으로 촘촘하게 프렌치 노트S 하고, 밝은 면은 실 3866번 3가닥으로 스플릿S 한다. 조개의 위쪽 외곽선은 실 3772번 1가닥으로 스플릿S 하며 빛에 비친 하이라이트를 표현한다. 또한 동일한 색상의 실 6가닥을 가로로 스플릿S 하며 조개의 아래쪽을 완성한다.

5 파도의 내부 면은 도안을 참고해 각 색상에 맞게 새틴S 한다. 파도 선의 경우 실 168번 3가닥으로 프렌치 노트S 한다. 이때 느슨한 프렌치 노트S와 일반적이고 단단한 모양의 프렌치 노트S를 자유롭게 번갈아가며 수놓는다.

6 파우치 뒷면에 사용할 작은 조개에도 큰 조개와 동일한 방법으로 수놓는다. 그 후 중앙 진주 부분에 포인트 진주를 2번씩 꿰어 단단하게 실로 고정한다.

7 배경 꽃의 경우 각 도안을 참고해 꽃잎은 3가닥으로 새틴S 하고, 나머지 부분은 초록색 실 1가닥으로 프렌치 노트S, 스플릿S, 새틴S, 스트레이트S 한다.

The Son of Man

René Magritte

인간의 아들

르네 마그리트

'청사과' 하면 딱 떠오르는 그림입니다. 사과에 가려져 궁금증을 자아내는 남자의 얼굴, 중력을 거스른 듯 떠 있는 사과. 모두 다 신선하지 않나요? 고정관념을 깨기 위해 재치 있게 질문을 던지는 듯해 묘한 해방감까지 느껴져요. 어두운 남자의 양복과 빨간 넥타이 그리고 초록색의 청사과까지 색감이 대비되는, 시각적으로도 참 즐거운 작품이에요.

이 그림은 아기자기하게 수놓아 브로치로 만들어봤어요. 비즈를 더해 설탕 코팅을 입힌 듯 반짝이는 사과 부분이 포인트입니다. 초현실주의의 대표 작품을 내 손안에 품은 듯 브로치로 만들어 가방이나 옷에 달 수 있다는 것이 자수의 큰 매력인 것 같아요. 이처럼 매력적인 자수에 많은 사람이 쉽게 도전할 수 있으면 좋겠습니다.

The Son of Man, 1964

도안

Design

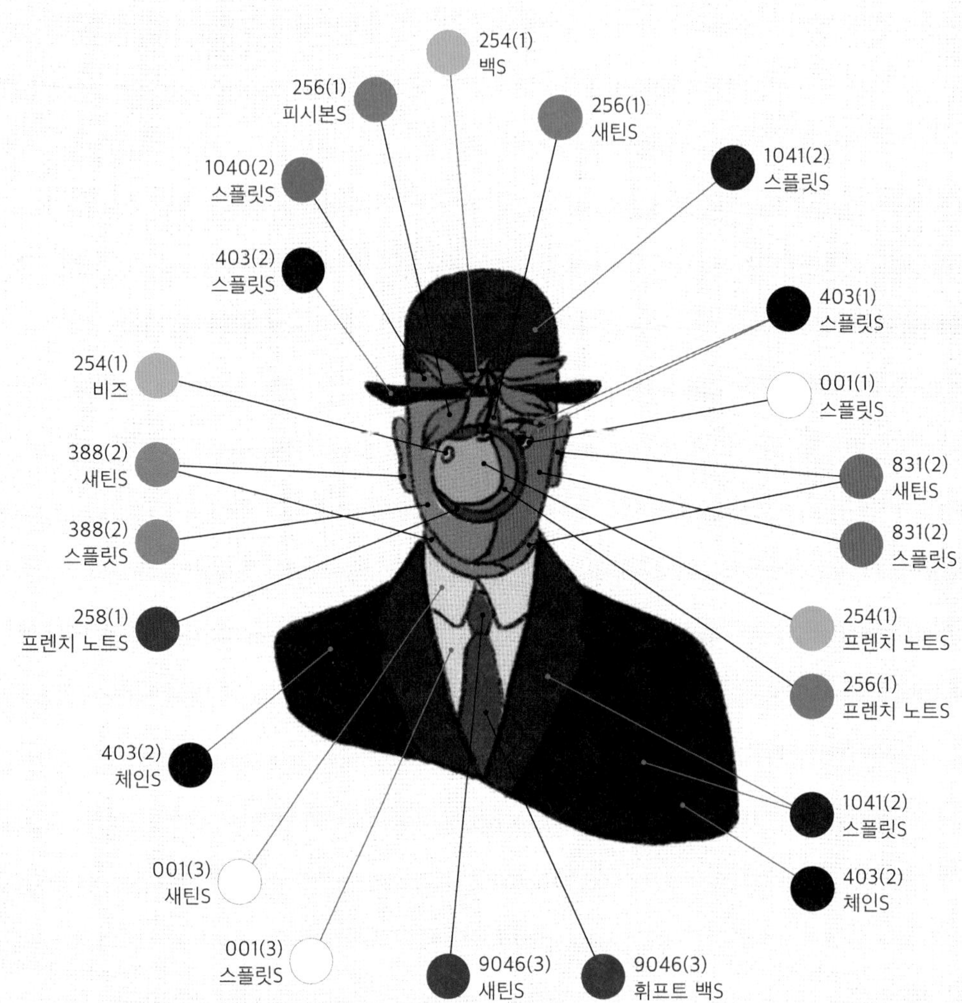

254(1) 백S
256(1) 피시본S
256(1) 새틴S
1040(2) 스플릿S
1041(2) 스플릿S
403(2) 스플릿S
403(1) 스플릿S
254(1) 비즈
001(1) 스플릿S
388(2) 새틴S
831(2) 새틴S
388(2) 스플릿S
831(2) 스플릿S
258(1) 프렌치 노트S
254(1) 프렌치 노트S
256(1) 프렌치 노트S
403(2) 체인S
1041(2) 스플릿S
001(3) 새틴S
403(2) 체인S
001(3) 스플릿S
9046(3) 새틴S
9046(3) 휘프트 백S

준비물 및 스티치

Supplies & Stitches

원단 면 20수

실 ANCHOR 25번사
- 001
- 254
- 256
- 258
- 388
- 403
- 831
- 1040
- 1041
- 9046

부속물 실크 단면 접착 심지
(뒷면 마감용)
비즈(투명 막대 비즈)
펠트
브로치 핀
글루건
목공풀

스티치 스플릿S
새틴S
프렌치 노트S
피시본S
백S
휘프트 백S

만드는 법

How to make

1 검정색 옷은 실 403번 2가닥으로 체인S 한다. 이때 어깨선은 실 1041번 2가닥으로 스플릿S 해서 몸통과 구분 짓는다.

2 옷의 칼라와 모자의 넓은 면적은 실 1041번 2가닥으로 스플릿S 한다. 모자챙은 실 403번 2가닥으로 스플릿S 하고, 모자 띠 부분은 실 1040번 2가닥을 스플릿S 하며 마무리한다. 이때 채우고자 하는 면이 너무 작을 경우, 간단하게 새틴S 해서 선으로 면을 채우며 완성한다.

3 셔츠는 실 001번 3가닥으로 각각 도안을 참고해서 새틴S와 스플릿S 한 후, 넥타이는 실 9046번 3가닥으로 새틴S와 휘프트 백S 한다.

4 얼굴은 도안을 참고해 각각의 실 388번과 831번으로 새틴S와 스플릿S 한다. 이때 눈과 눈썹 같은 디테일은 실 403번 1가닥으로 섬세하게 스플릿S로 표현한다.

5 사과의 경우 각각 도안을 참고해서 열매 부분을 3가지 종류의 초록색 1가닥으로 프렌치 노트S 한다.

6 줄기 부분은 실 254번 1가닥으로 백S 한다. 잎은 실 256번 1가닥으로 피시본S 하는데, 너무 작은 잎은 간단하게 새틴S로 완성한다.

7 사과 열매의 하이라이트 부분은 실 254번 1가닥으로 투명 막대 비즈를 달아 표현한다. 비즈는 2번씩 고정해 더욱 단단하게 만든다.

마무리법

Finishing Touch

64쪽 '키스 - 구스타브 클림트' 마무리법과 같은 방식으로 마무리한다.

美人圖

申潤福

미인도

신윤복

조선 후기를 대표하는 화가, 신윤복의 〈미인도〉입니다. 부드럽고 섬세한 필치와 은은한 채색이 아름다움을 더하는 그림이지요.

비단 위에 곱게 그려진 작품이라 저도 흰색 노방실크 위에 수놓아 족자 형식으로 완성했어요. 흰색 노방실크 위에 곱게 수놓아진 섬세한 선과 색감이 원작의 은은한 아름다움을 드러냅니다. 햇빛을 받으면 더욱 투명하게 반짝이는 배경과 매트한 면사로 곱게 채워진 여인의 대비가 두드러지는 감상 포인트랍니다. 어디에 걸려도 한국적인 아름다움을 단아하게 뽐내는 작품이 되었지요?

美人圖, 1758~1813

도안

Design

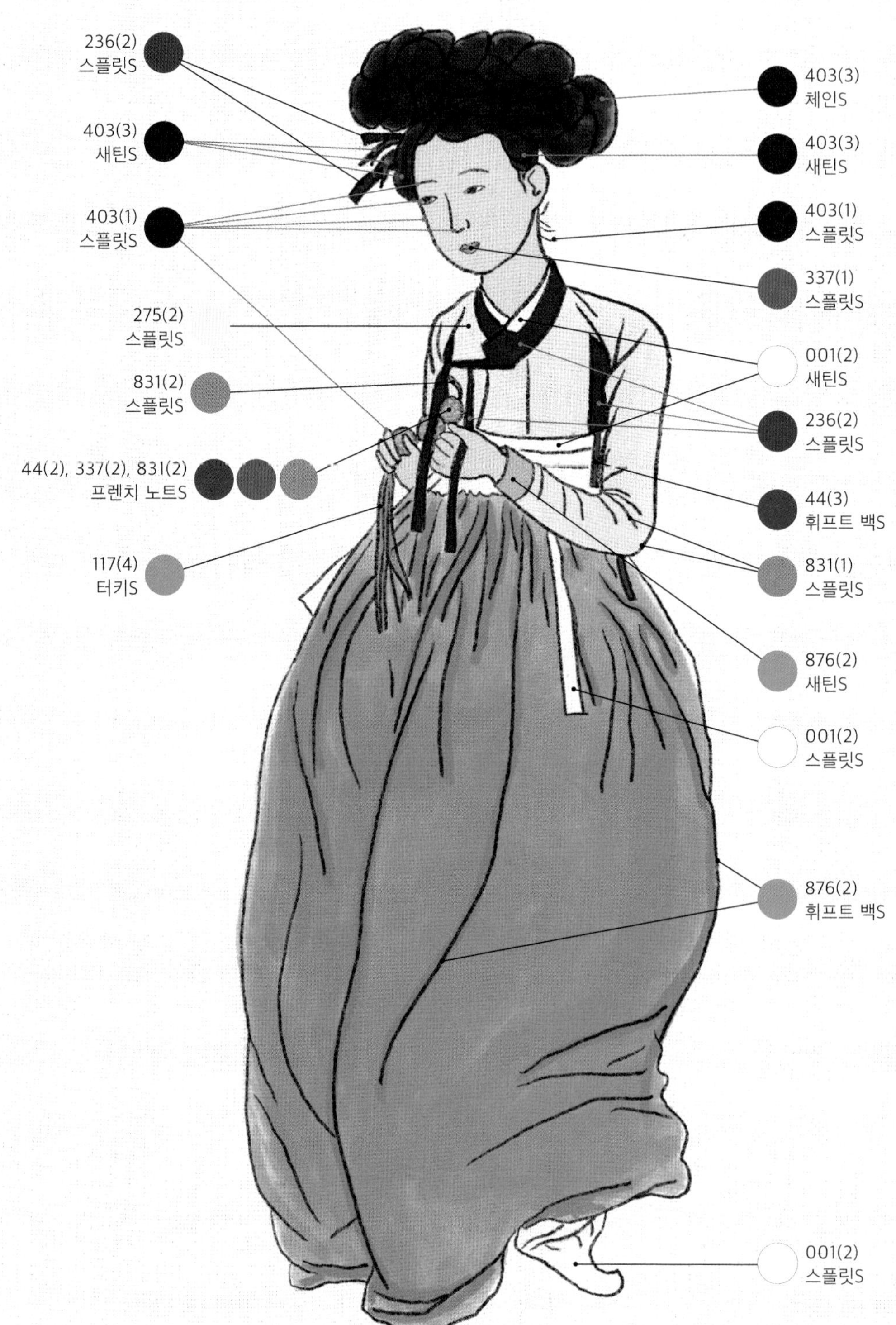
236(2)
스플릿S
403(3)
새틴S
403(1)
스플릿S
275(2)
스플릿S
831(2)
스플릿S
44(2), 337(2), 831(2)
프렌치 노트S
117(4)
터키S
403(3)
체인S
403(3)
새틴S
403(1)
스플릿S
337(1)
스플릿S
001(2)
새틴S
236(2)
스플릿S
44(3)
휘프트 백S
831(1)
스플릿S
876(2)
새틴S
001(2)
스플릿S
876(2)
휘프트 백S
001(2)
스플릿S

준비물 및 스티치

Supplies & Stitches

원단 흰색 노방실크
푸른색 오간자
연회색 비단

실 ANCHOR 25번사
001
44
117
236
275
337
403
831
876

부속물 족자용 나무 벽걸이(11cm)

스티치 체인S
새틴S
스플릿S
휘프트 백S
터키S
프렌치 노트S

마무리법

Finishing Touch

① 노방실크를 나무 족자 크기에 맞게 직사각형으로 자른다. 이때 올이 풀리는 실크의 외곽은 재봉틀을 사용해 오버로크 방법으로 마무리해도 좋다. 손바느질로 마무리할 경우 원단을 자르기 전에 미리 외곽 쪽에 휘프트 백S로 수놓아 올이 풀리는 것을 방지한 다음 원단을 잘라내는 게 좋다.

② 상단과 하단에 미리 준비한 연회색 비단을 이어 붙인다. 이때 재봉틀로 이어도 좋고, 손바느질로는 백S로 박음질하며 이어도 좋다.

③ 족자에 끼워 걸어둔다.

만드는 법

How to make

1 땋은 머리는 실 403번 3가닥으로 체인S 하며 바깥쪽에서 안쪽으로 면을 채운다. 그 외 머리는 새틴S로 완성한다. 머리끈의 경우 실 236번 2가닥으로 스플릿S 한다.

2 얼굴의 외곽선과 눈썹, 눈, 코, 목 뒤로 나온 머리카락, 목 부분을 실 403번 1가닥으로 얇게 스플릿S 한다. 손의 외곽선도 동일하게 수놓는다. 입술은 실 337번 1가닥으로 스플릿S 해서 완성한다.

3 버선은 실 001번 2가닥으로 스플릿S 한다.

4 푸른색 오간자를 스케치상의 치마 크기만큼 직사각형으로 자른다. 실 876번 2가닥으로 치마의 스케치 외곽선 위에 오간자 끝을 맞닿게 두고, 그 위에 휘프트 백S 한다. 이때 스티치 밖으로 푸른색 오간자 원단이 조금 빠져나와도 무시하고 수놓은 뒤 나중에 가위로 잘라서 다듬는다.

5 같은 스티치를 반복하며 직사각형 오간자 원단을 치마의 외곽선에 붙인다. 그 후 볼륨이 생긴 안쪽 오간자 원단을 스케치상 치마의 가로 세로 주름을 따라 위에 휘프트 백S 하며 고정한다.

6 동정의 경우 실 001번 2가닥으로 새틴S 하고, 바로 밑의 깃과 같은 색으로 이어지는 끈의 경우 실 236번 2가닥으로 스플릿S 한다. 빨간 끈의 경우 실 44번 3가닥으로 휘프트 백S 한다.

7 저고리의 넓은 면은 실 275번 2가닥으로 스플릿S 한다. 이때 섬세한 주름이나 외곽선은 실 831번 1가닥으로 곱게 스플릿S 해서 표현한다. 소매는 실 876번 2가닥으로 새틴S 한다.

8 노리개의 경우 실 831번 2가닥으로 끈을 표현하고, 도안을 참고해 3가지 종류의 실 각각 2가닥씩으로 구슬 부분을 프렌치 노트S 한다.

9 노리개의 술 부분은 실 117번 4가닥으로 터키S 해서 입체감 있게 완성한다.

TIP

- 흰색 노방실크의 경우, 속이 비치며 거의 투명색에 가깝기 때문에 수놓을 때 늘 시작 매듭과 끝 매듭을 깔끔하게 지어야 한다. 그래야 앞부분에 실이 지저분하게 보이는 일이 없다.
- 흰색 노방실크 위에 스케치를 옮길 때는, 반투명한 원단이기에 스케치 위에 바로 원단을 올려서 열펜으로 따라 그린다. 열펜이 없다면 연한 연필(HB)로 따라 그려도 좋다.

草蟲圖

申師任堂

초충도

신사임당

신사임당의 〈초충도〉입니다. 그중에서도 '맨드라미와 쇠똥벌레'라는 작품이에요. 붉게 자란 맨드라미와 푸른 과꽃, 세 마리의 나비 그리고 세 마리의 쇠똥벌레가 그려져 있지요. 자연물을 향한 곱고 다정한 시선이 바로 〈초충도〉 시리즈의 아름다움일 거예요.

한국화를 수놓을 때면 여백의 미와 단순한 장식성이 마치 명상을 하듯 고요한 즐거움을 줍니다. 어떤 부분에 자수로 질감을 더해볼까, 고민하는 과정이 참으로 즐거웠답니다. 터키 스티치로 보송한 질감을 만들어 쇠똥과 맨드라미를 입체적으로 수놓아봤어요. 평면성이 두드러지는 다른 요소들과 대비되어 더욱 도드라지는 입체감이 느껴지지요? 또한 실제 작품과 비슷하게 배경을 표현하고 싶어서 오트밀 색감에 자연스러운 알갱이 질감이 덧입혀진 리넨 원단을 사용했어요. 그렇게 수놓지 않은 여백에도 한국적인 분위기를 표현했답니다.

草蟲圖, 1500년대

도안

Design

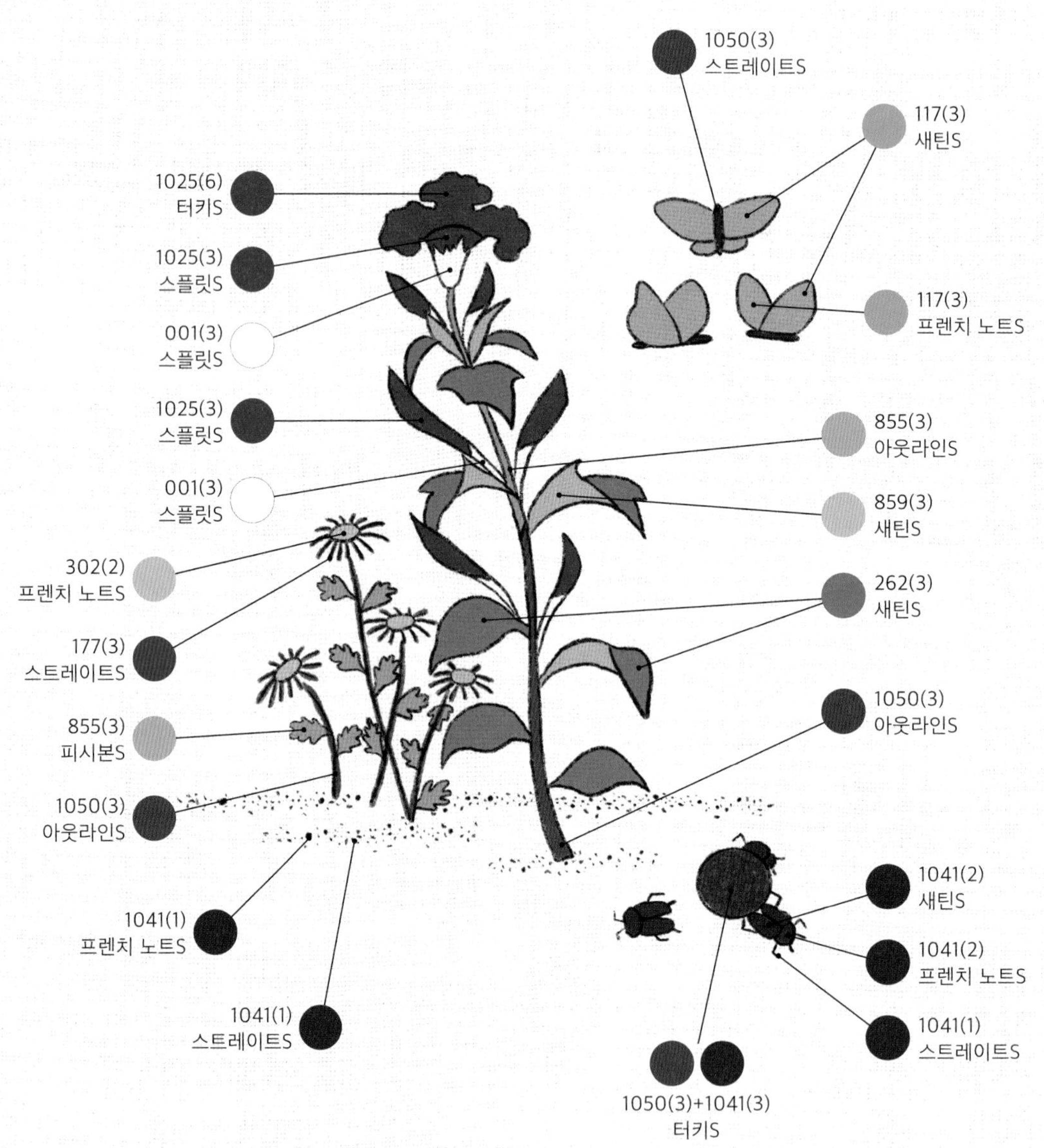

1050(3)
스트레이트S
117(3)
새틴S
1025(6)
터키S
1025(3)
스플릿S
117(3)
프렌치 노트S
001(3)
스플릿S
1025(3)
스플릿S
855(3)
아웃라인S
001(3)
스플릿S
859(3)
새틴S
302(2)
프렌치 노트S
262(3)
새틴S
177(3)
스트레이트S
1050(3)
아웃라인S
855(3)
피시본S
1050(3)
아웃라인S
1041(1)
프렌치 노트S
1041(2)
새틴S
1041(2)
프렌치 노트S
1041(1)
스트레이트S
1041(1)
스트레이트S
1050(3)+1041(3)
터키S

준비물 및 스티치

Supplies & Stitches

원단 오트밀색 리넨 20수

실 ANCHOR 25번사

- 001
- 117
- 177
- 262
- 302
- 855
- 859
- 1041
- 1050
- 1025

부속물 액자

스티치 아웃라인S
피시본S
새틴S
프렌치 노트S
스트레이트S
스플릿S
터키S

만드는 법

How to make

1 맨드라미 줄기의 하단을 실 1050번 3가닥으로 아웃라인S 하며 수놓고, 줄기의 상단 부분을 실 855번 3가닥으로 수놓는다.

2 맨드라미 잎의 경우 도안을 참고해 실 262번과 859번을 각각 3가닥씩 사용해 새틴S 한다.

3 잎 위의 봉오리들의 경우 실 001번 3가닥으로 스플릿S 하며 하단을 수놓고, 실 1025번 3가닥으로 마저 스플릿S 하며 완성한다.

4 맨드라미 꽃잎의 경우 실 1025번 3가닥으로 스플릿S 하며 아래쪽 부분을 수놓는다. 위쪽은 동일한 색상의 실 6가닥으로 촘촘하게 터키S 한다. 이때 스케치를 따라 외곽을 먼저 수놓고, 점점 속을 채우는 방식으로 바늘을 움직인다. 모두 수놓은 후 입체적으로 봉긋한 모양이 되도록 조금씩 가위로 잘라내 다듬는다.

5 푸른빛 과꽃의 줄기는 실 1050번 3가닥으로 촘촘하게 아웃라인S 한다.

6 과꽃 잎의 경우 실 855번 3가닥으로 피시본S 하며 작은 잎들을 수놓는다.

7 과꽃 수술의 경우 중앙에 먼저 실 302번 2가닥으로 촘촘하게 프렌치 노트S 한다. 꽃잎은 실 177번 3가닥으로 스트레이트S 하며 간단히 수놓는다. 이때 실을 뒤에서 세게 당기지 않아야 원단 위에 볼륨 있게 푸른 잎이 얹어질 수 있다.

8 흙은 실 1041번 1가닥으로 표현한다. 곳곳에 단단한 프렌치 노트S 해서 수놓고, 전체적으로는 아주 작게 스트레이트S 한다.

9 쇠똥벌레의 쇠똥은 실 1050번 3가닥과 1041번 3가닥을 합사해 총 6가닥으로 터키S 한다. 이때도 스케치를 따라 외곽을 먼저 수놓고, 촘촘하게 안을 채운다. 모두 수놓은 후 입체적인 모양이 되도록 가위로 조금씩 다듬어 나간다.

10 쇠똥벌레의 몸통 하단은 실 1041번 2가닥으로 새틴S 하고, 상단은 동일한 실로 프렌치 노트S 한다. 다리와 더듬이의 경우 실 1041번 1가닥으로 스트레이트S 한다.

11 나비 날개의 경우 실 117번 3가닥으로 도안을 참고해 새틴S와 프렌치 노트S 해서 곱게 수놓는다. 그 후 실 1050번 3가닥으로 가볍게 스트레이트S 해서 몸통을 완성한다.

Needlework Design

실물 자수 도안집

작가가 원작을 다시 디자인하고, 직접 그린 실물 사이즈의 도안입니다.

먹지를 사용해 원단에 바로 옮겨 활용할 수 있습니다.

해바라기

빈센트 반 고흐

별이 빛나는 밤

빈센트 반 고흐

푸른 누드 Ⅱ

앙리 마티스

춤 Ⅱ

앙리 마티스

키스

구스타브 클림트

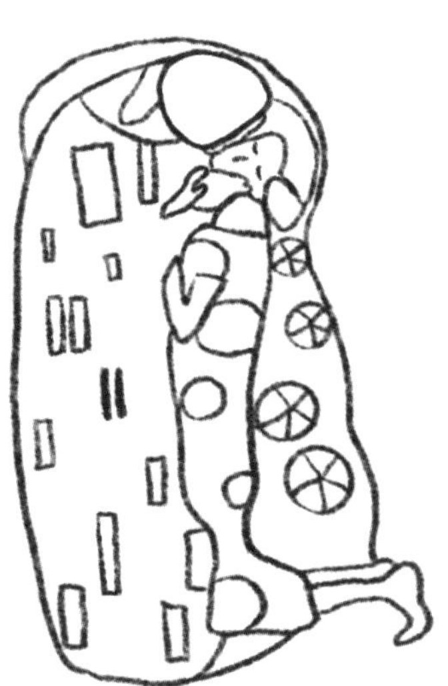

수련

클로드 모네

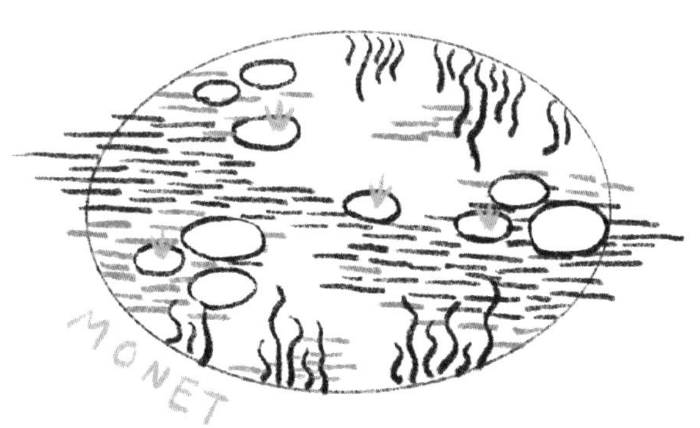

비너스의 탄생

산드로 보티첼리

[앞면]

[뒷면]

인간의 아들

르네 마그리트

미인도

신윤복

초충도

신사임당